改定承認年月日	平成19年8月6日
訓練の種類	普通職業訓練
訓練課程名	普通課程
教材認定番号	第58907号

木工塗装法

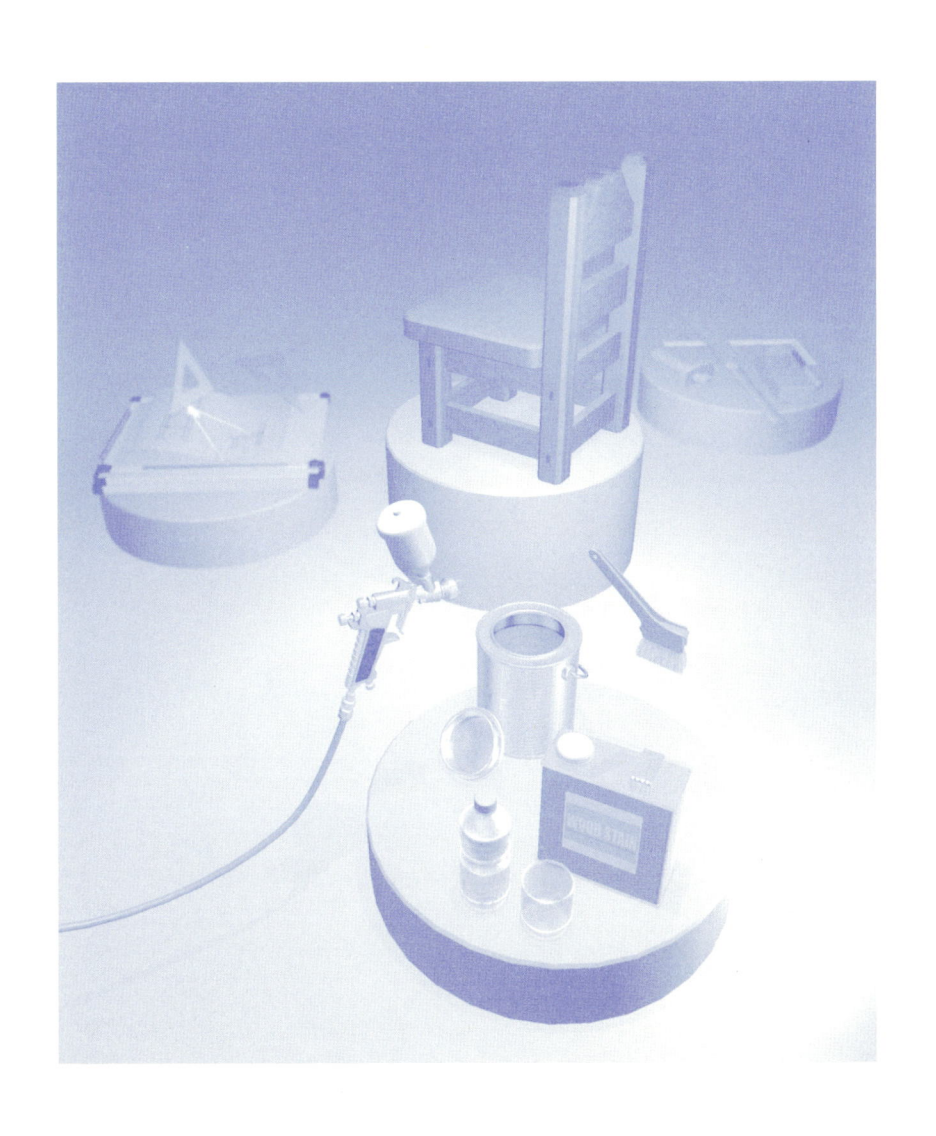

独立行政法人　高齢・障害・求職者雇用支援機構
職業能力開発総合大学校　基盤整備センター　編

1. 木材の名称・用語

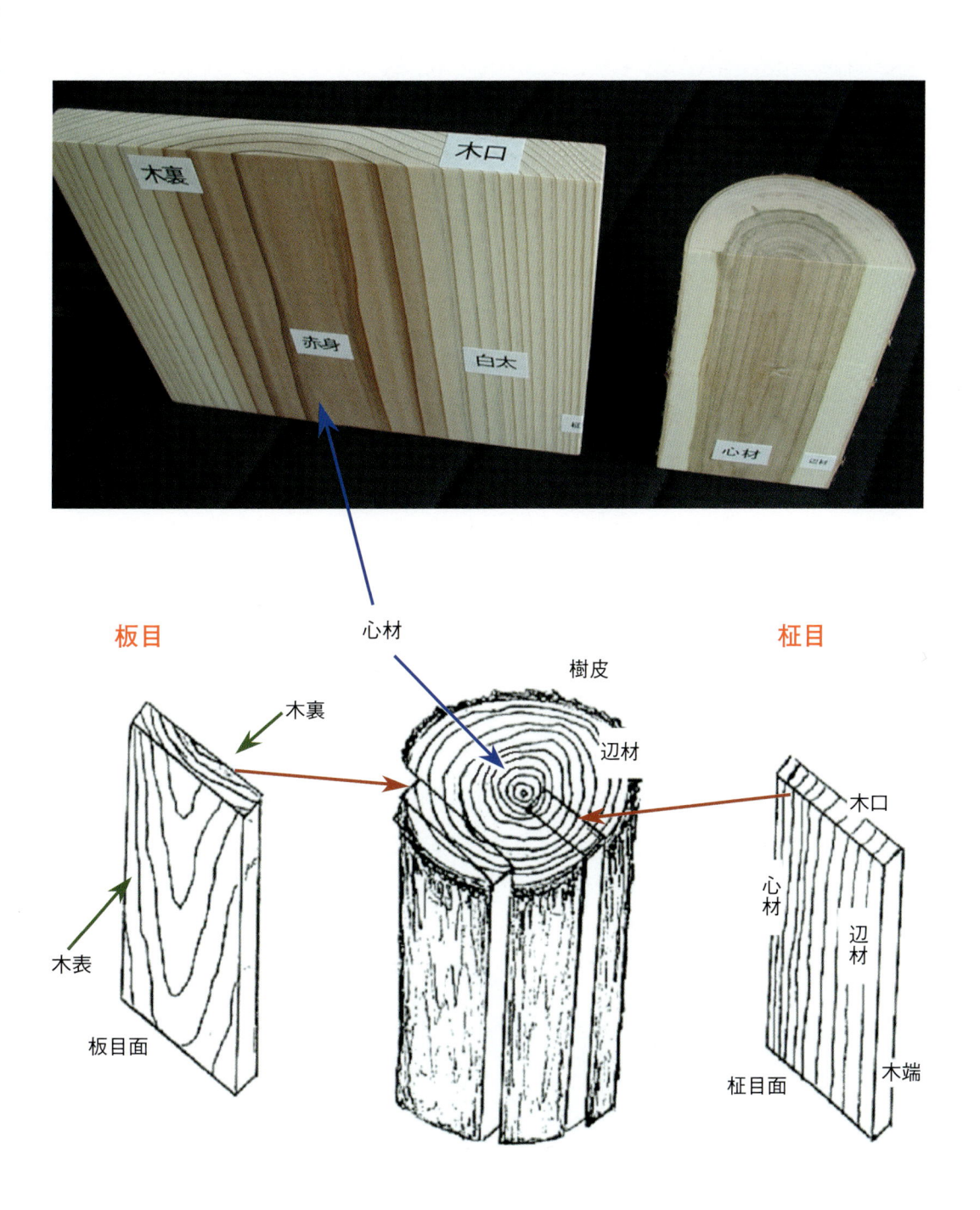

木裏　木口　赤身　白太　心材　辺材

板目　心材　柾目

樹皮　辺材

木裏　木口　心材　辺材

木表

板目面　柾目面　木端

（第1章1.2木材の用語参照）

2. いろいろな杢

（第1章 1.2 木材の用語参照）

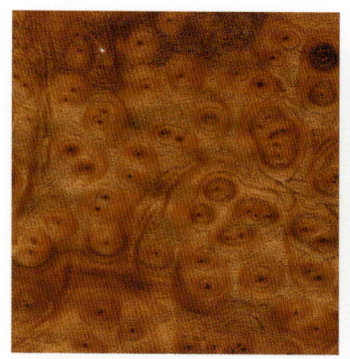

| 玉杢（たまもく）−クス | 虎斑杢（とらふもく） | 縮杢（ちぢみもく） |
| 玉杢−アッシュバール | 鳥眼杢（とりめもく） | 縮緬杢（ちりめんもく） |

〈写真提供：キャピタルペイント株式会社〉

3. 乗用車の内装品への利用

（第3章 表3−13参照）

〈ロールスロイス社ホームページより〉

4. 基本塗装工程と主な目的

基本塗装工程　　［マカンバ材　ラッカー仕上げ］（第2章 表2-5参照）

- 上塗り（ラッカーフラット半つや）
- 補色（ラッカーフラット／染料系溶剤ステイン）
- 研磨（400番　ドライサンディング）
- 中塗り（ラッカーサンディングシーラー）
- 下塗り（ラッカーウッドシーラー）
- 目止め着色（油性顔料着色剤／油性フィラー）
- 色押さえ（ビニルシーラー）
- 素地着色（染料系アルコールステイン）
- 素地調整（240番　ドライサンディング）
- 素地（かんな切削）

塗装仕上げ例

(1) ナラ材：オイルフィニッシュ仕上げ
　　（第3章 表3-9参照）

(2) カバ材：白木仕上げ
　　（第3章 表3-8参照）

(3) ナラ材：エナメル仕上げ

(4) ホワイトアッシュ材：クラシック仕上げ

5. 木工塗装の特徴を現す仕上げ例

（第2章 表2-6参照）

(a) 高級な仕上げ

- 上塗り
- 補色
- 下塗り・中塗り・研磨
- 目止め着色
- 染料系溶剤ステイン
- 素地

(b) 一般的な着色仕上げ

- 上塗り
- 補色
- 下塗り・中塗り・研磨
- 目止め着色
- 素地

(c) 木質感強調仕上げ

- 上塗り
- 補色
- 中塗り
- シーラーステイン
- 顔料系ステイン
- 素地

(d) 木質感緩和仕上げ

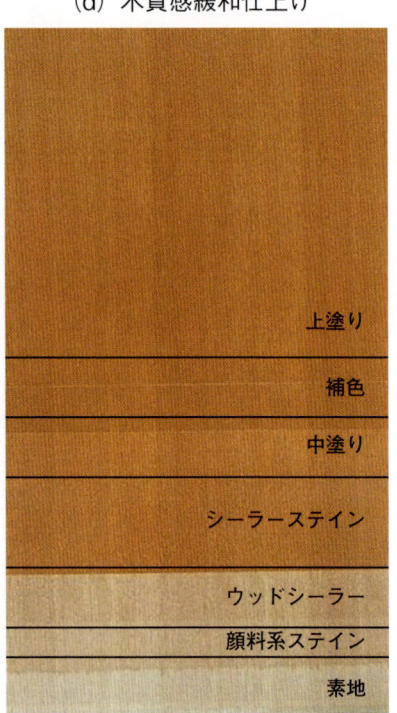

- 上塗り
- 補色
- 中塗り
- シーラーステイン
- ウッドシーラー
- 顔料系ステイン
- 素地

〈写真提供：キャピタルペイント株式会社〉

6. 素地着色と道管着色を併用した塗装仕上げ

〈写真提供：横浜クラシック家具，戸山家具製作所〉

7. ログハウス：外部用木材の塗装

浸透型水性木部保護着色塗料の使用

〈写真提供：玄々化学工業株式会社〉

8. 漆塗りの基本工程

（第3章 図3−5，表3−16参照）

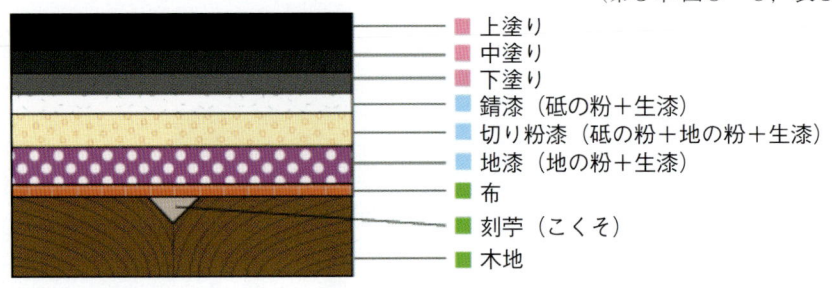

- 上塗り
- 中塗り
- 下塗り
- 錆漆（砥の粉＋生漆）
- 切り粉漆（砥の粉＋地の粉＋生漆）
- 地漆（地の粉＋生漆）
- 布
- 刻苧（こくそ）
- 木地

〈資料提供：「漆を科学する会」及び「京都市産業技術研究所」〉

9. 各種変わり塗り

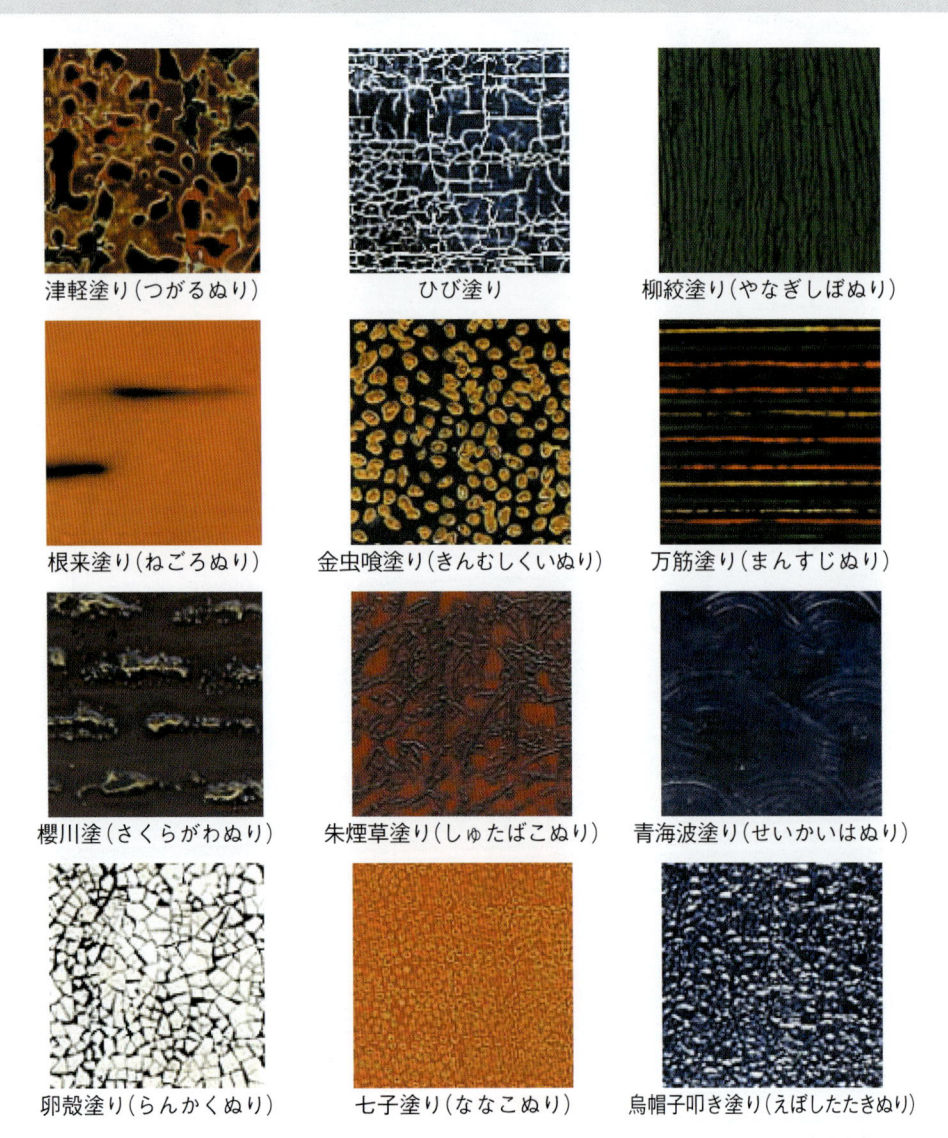

津軽塗り（つがるぬり）	ひび塗り	柳絞塗り（やなぎしぼぬり）
根来塗り（ねごろぬり）	金虫喰塗り（きんむしくいぬり）	万筋塗り（まんすじぬり）
櫻川塗（さくらがわぬり）	朱煙草塗り（しゅたばこぬり）	青海波塗り（せいかいはぬり）
卵殻塗り（らんかくぬり）	七子塗り（ななこぬり）	烏帽子叩き塗り（えぼしたたきぬり）

〈平山敏文氏作成〉

10. 漆塗りの技法

蒔絵の技法

平蒔絵（ひらまきえ）

金粉
絵漆
上塗面
中塗面

弁柄と漆を練った絵漆を筆につけ，塗面に模様を描き，それが乾燥する前に，金，銀などの細粉を振りかけ（蒔くという），余分な粉をふき取り，乾燥後摺り漆等で固めてから蒔絵粉を磨き上げて仕上げる。

研出蒔絵（とぎだしまきえ）

金粉
絵漆
上塗面
中塗面

中塗り面に漆で模様を描き，比較的粗い蒔絵粉を蒔いた後に，上塗りで全体を塗込み，乾燥した後，炭で模様部分を研ぎ出し，最後に艶を上げて仕上げる。

〈写真提供：漆を科学する会〉

堆朱の技法

● 型置き（紋漆をへら付けし，たんぽで凹凸をつける）

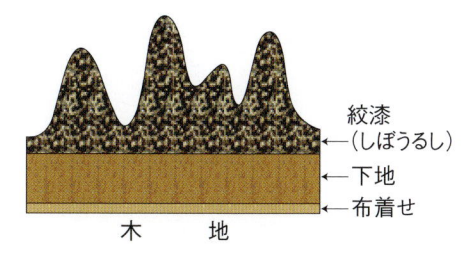

紋漆（しぼうるし）
下地
布着せ
木地

● 塗り

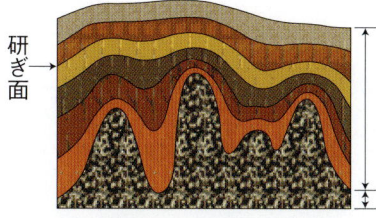

研ぎ面
色漆・透き漆（紋漆の凹凸がなくなるまで何回も塗る）
紋漆

● 研ぎ・磨き

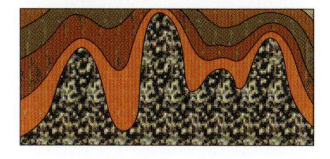

木曽堆朱塗りの一例

〈写真提供：木曽漆器工業協同組合〉

平面図（年輪のような色漆の模様）

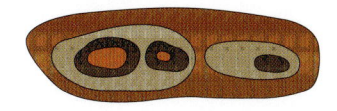

11. いろいろな欠陥

木工テーブルで生じた白いシミ（第5章2.5参照）

土鍋の下にぬれぞうきん

木材の劣化，塗膜の割れ（第1章Q8，第5章2.2参照）

塗装による修復

〈写真提供：玄々化学工業株式会社〉

は　し　が　き

　本書は職業能力開発促進法に定める普通職業訓練に関する基準に準拠し，建築系塗装科の訓練を受ける人々のために，木工塗装法の教科書として作成したものです。

　作成に当たっては，内容の記述をできるだけ平易にし，専門知識を系統的に学習できるように構成してあります。

　このため，本書は職業能力開発施設で使用するのに適切であるばかりでなく，さらに広く知識・技能の習得を志す人々にも十分活用できるものです。

　なお，本書は次の方々のご協力により作成したもので，その労に対して深く謝意を表します。

<改定委員>

| 木下　啓吾 | 長島特殊塗料株式会社 |
| 長沼　　桂 | 楠本化成株式会社 |

<監修委員>

| 坪田　　実 | 職業能力開発総合大学校 |

（委員名は五十音順，所属は執筆当時のものです）

平成20年3月

独立行政法人　高齢・障害・求職者雇用支援機構
職業能力開発総合大学校　基盤整備センター

目次

第1章 木材の知識と塗装の目的 —————————— 1
第1節 木材の知識 —————————————————— 1
1.1 木材の見方（2）　　1.2 木材の用語（5）
1.3 木材の特徴（8）
第2節 塗装をする前の予備知識 ——————————— 11
2.1 木材に適する塗装仕上げ（11）　　2.2 塗装系の考え方（17）

第2章 塗装材料 ————————————————————— 23
第1節 塗料とは —————————————————— 23
1.1 塗料の構成（23）　　1.2 塗料の分類（25）
第2節 塗装材料の見方と使い方 ——————————— 30
2.1 塗装材料の実用的な見方（30）
2.2 自然系塗料（エコ塗料）と合成樹脂塗料（36）
2.3 実用塗料（39）　　2.4 UV（紫外線）硬化塗料（44）
第3節 着色材料 —————————————————— 46
3.1 着色剤（46）　　3.2 目止め剤（50）
3.3 漂白剤（53）　　3.4 つや消し剤（54）

第3章 塗装による木工製品の仕上げ ——————— 57
第1節 塗装仕上げの種類 —————————————— 57
1.1 木工製品の塗装概要（57）　　1.2 塗装仕上げの分類（59）
1.3 塗膜の形成状態（60）
第2節 木工製品の仕上げ方 ————————————— 63
2.1 素地調整及び研磨（63）　　2.2 木工製品の具体的な仕上げ方（67）
2.3 漆による伝統工芸仕上げ（75）　　2.4 カシュー漆による変り塗り（80）
第3節 塗装の経費 ————————————————— 86

第4章 塗装作業法 ——————————————————— 91
第1節 養生 ———————————————————— 91
1.1 養生作業方法（91）　　1.2 塗り立て後の養生（92）

第2節　はけ塗り・へら付け ―――― 92
 2.1　はけ（刷毛）塗り（*92*） 2.2　へら付け（*100*） 2.3　たんぽずり（*101*）
第3節　機器塗装 ―――― 102
 3.1　塗装方法の分類（*102*） 3.2　エアスプレー塗装（*103*）
 3.3　塗装設備（*109*） 3.4　エアレススプレー塗装（*114*）
 3.5　静電塗装（*117*） 3.6　カーテンフローコーター（*122*）
 3.7　ロールコーター（*123*）
第4節　乾燥設備 ―――― 124
第5節　研磨・磨き ―――― 129
 5.1　塗膜の研磨方法（*129*） 5.2　塗膜の磨き（*132*）

第5章　木工塗装の欠陥とその対策 ―――― 135
第1節　やってはいけないこと ―――― 135
 1.1　塗料の調整時（*135*） 1.2　塗装時（*137*）
 1.3　乾燥時（*138*）
第2節　木工塗装特有な欠陥とは何か。なぜ起きるのか。―――― 139
 2.1　やにの存在による欠陥とその対策（*139*）
 2.2　素材の吸排水による塗膜の割れ発生とその対策（*140*）
 2.3　銀目の発生とその対策（*140*） 2.4　白ぼけの発生とその対策（*141*）
 2.5　熱いなべを置いたときに出る白いしみ（*142*） 2.6　目やせ（*142*）
 2.7　指紋の跡（*143*） 2.8　汚れ（軟化）（*144*） 2.9　変色（*145*）
 2.10　異種塗料の組合せ（*145*）

第6章　安全衛生 ―――― 149
第1節　住環境に関すること ―――― 149
 1.1　有機溶剤中毒予防規則（*149*） 1.2　PRTR法（*150*）
 1.3　VOC規制（*151*）
第2節　表示に関すること ―――― 153
 2.1　危険物表示（*151*）
 2.2　化学物質安全データシート（MSDS）（*152*）
 2.3　F☆の表示（*159*）

練習問題の解答及び解説 ―――― 161
索　　引 ―――― 167

第1章　木材の知識と塗装の目的

> **キーポイント**
>
> ① 木材は加工しやすいので，小さいものでは鉛筆から始まって家具，建具，造作，楽器，運動具，什器（じゅうき），玩具（がんぐ）などに至り，その用途は広い。
>
> ② 木材は針葉樹と広葉樹に分類でき，さらに広葉樹は環孔材と散孔材に大別できる。ナラやケヤキに代表される環孔材は大きな道管界が年輪界に沿って並んでおり，カバやブナに代表される散孔材は小さな道管が年輪界に沿うことなく，全体に分散している。
>
> ③ 木工製品を塗装する場合に必要な木材の知識を身につけよう。まず，木材の基本的な名称，例えば，板目（いため），柾目（まさめ），心材（しんざい），辺材（へんざい），木表（きおもて），木裏（きうら）などの知識を身につけることが必要である。
>
> ④ 木工塗装の対象となるのは無垢（むく）材だけでなく，むしろ合板に代表される木質材料の方が多い。天然木化粧合板とは，普通合板の表面に各種突き板（原木を薄くそいだもの）が接着されている。
>
> ⑤ 木材によって塗装仕上げの仕方が異なる。化粧的な要素と耐久性の付与が塗装の目的である。木質感を引き出せる塗装技術と技能を身につけよう。

第1節　木材の知識

　木材の耐久力及び比強度（重量当たりの強さ）は，古都にある木造建築が数百年を経てなお健在であることから実証済みであり，何かと問題視されている酸性雨に弱いコンクリートの比ではない。これは木材がパイプ状の細胞（セルロース類）の集合体であり，これらをヘミセルロースやリグニンという接着剤の働きを持つ物質が結合させ，ハニカム構造を持つ巨大な高分子物質に仕上げているためである。木材を構成する細胞組織は方向性を有しており，塗装の対象となる素地肌は道管・仮道管・放射組織の存在により幾何学的に不規則でかつ多孔質である。さらに，親水・親油性の多成分混合系であるから表面層の化学性状も微少な領域で大きく異なり，他の素材と異なる前処理技術と塗装工程を採用しなければならない。

まずは，肉眼的に観察できるマクロな見方と顕微鏡観察によるミクロな見方から木材を見てみる。木材を解説すると膨大な量になるので，塗装に必要な木材の見方と特徴を抽出して述べる。要点を明らかにするために，できるだけQ＆A方式を採用して，本節を展開する。

1．1　木材の見方

Q1　子供の頃に木材の切り株の年輪（環状の模様）を見て，この木は何年ものだということを話したり，聞いたりしたことがあるだろう。年輪の模様は木材の種類が変わっても皆同じなのだろうか。

A1　肉眼観察では木材の種類が変わっても年輪の模様はケーキのバウムクーヘンのように同じに見えるが，顕微鏡で観察すると明らかに異なる。それでは，なぜ異なるかについて考えてみよう。

　木材には針葉樹と広葉樹があることは知っているであろう。多くの針葉樹は寒い地方に生育する。一方，広葉樹は温暖な地方に多い。針葉樹はクリスマスツリーのようにとがった形状をしているのに対し，広葉樹はこんもりとしている。日本のように，1年の周期がはっきりしている所に育った木材では，その断面に見られる年輪（1年に1つ）もはっきりとしており，年輪の幅（細胞の増え方）が成長の様子を表している。1つの年輪をミクロに見ると，早材（春～夏），晩材（夏～秋）になっている。この様子を針葉樹で見ると図1－1（a）に示すように，早材部は成長が早いので形成された細胞が大きく，晩材部は細胞が小さいので濃淡模様ができている。スギとヒノキはともに針葉樹であるが，図1－2に示す顕微鏡観察からわかるように，ヒノキは早材から晩材への移行が緩やかである。

　針葉樹は組織的に単純な構成であり，種類が変わっても大きな変化はないが，広葉樹は結構複雑である。広葉樹の大部分は散孔材と環孔材に大別される。両者の違いはミクロに見た年輪の模様に見られる。顕微鏡観察の結果をわかりやすく図示すると，図1－1（b），（c）で表すことができる。年輪界に沿って大きな穴（道管）が一様に並んでいるものが環孔材であり，小さな道管が年域全体に分散しているものが散孔材である。広葉樹にも早材部と晩材部があり，環孔材では大きな道管は早材部に集中している。なお，国産広葉樹の約30％が環孔材で，約60％が散孔材である。

　広葉樹には年輪や道管のほか，木繊維や放射組織があり，さらにそれらの大きさや分布状態が異なるため，塗装の対象となる木材面（板目，柾目面）は木質感が豊かである。一方，木材の90％以上が仮道管からなる単純な組織の針葉樹の木材面は比較的均一であり，

木理(木目・模様・紋様)は広葉樹に比べて変化に乏しい。針葉樹と広葉樹の細胞構成比を表1－1に，模式的に表した木材の構造図を図1－3及び図1－4にそれぞれ示す。

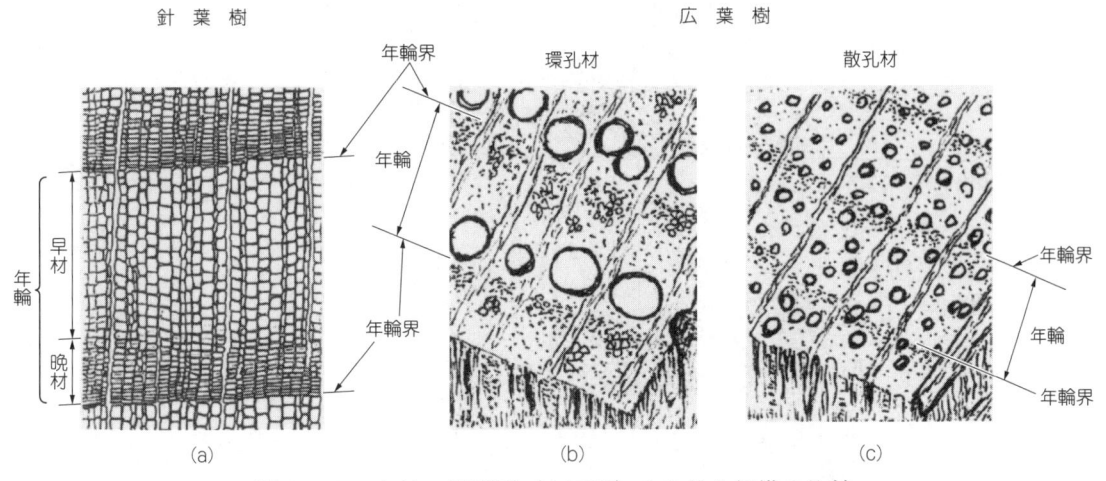

図1－1　木材の横断面(木口面)から見た組織の比較

スギ
早材(春～夏)から晩材(夏～秋)への移行が急

ヒノキ
早材から晩材への移行が緩やか

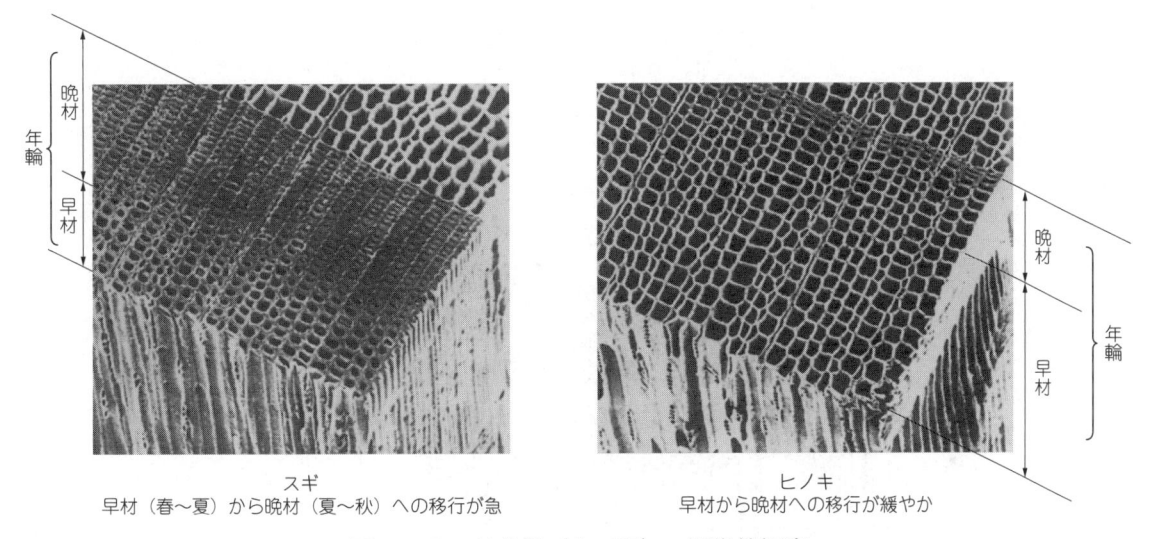

図1－2　針葉樹(木口面)の顕微鏡観察

表1－1　針葉樹と広葉樹の細胞構成比
(単位：%)

樹種		道管	仮道管	柔組織	放射組織	繊維
針葉樹	スギ		97.2	0.8	2.0	
	ヒノキ		97.1	0.6	2.3	
広葉樹	ミズナラ	12.6		6.8	15.0	65.6
	マカンバ	18.3		1.6	8.3	71.8

(注)ミズナラは柔組織中に仮道管を含み，マカンバは繊維中に仮道管を含む。

4　木工塗装法

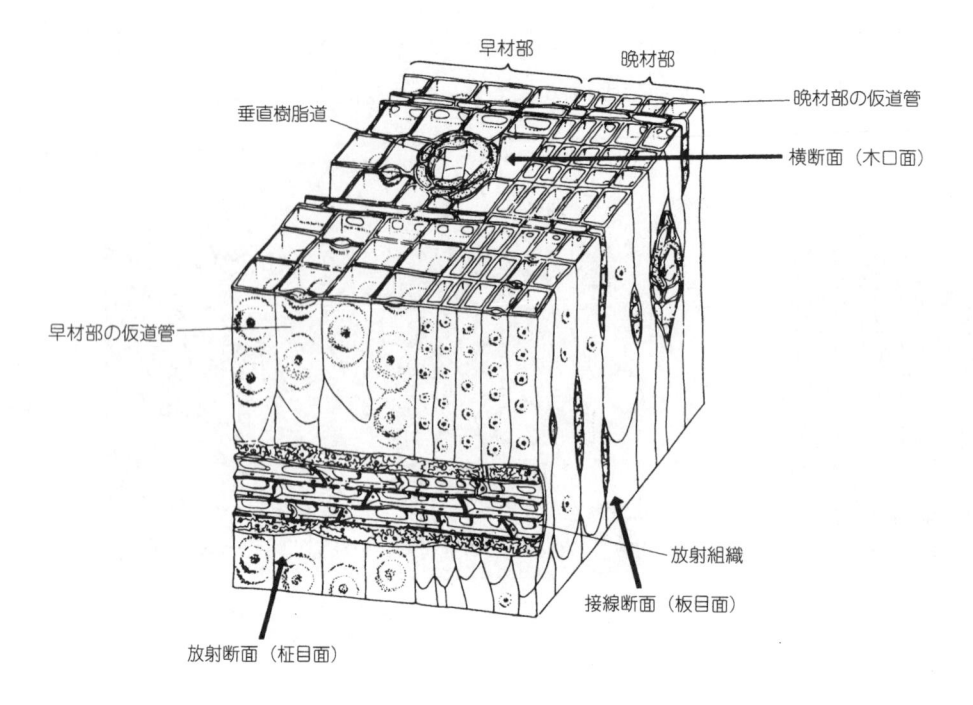

図1-3　針葉樹材の構造模式図

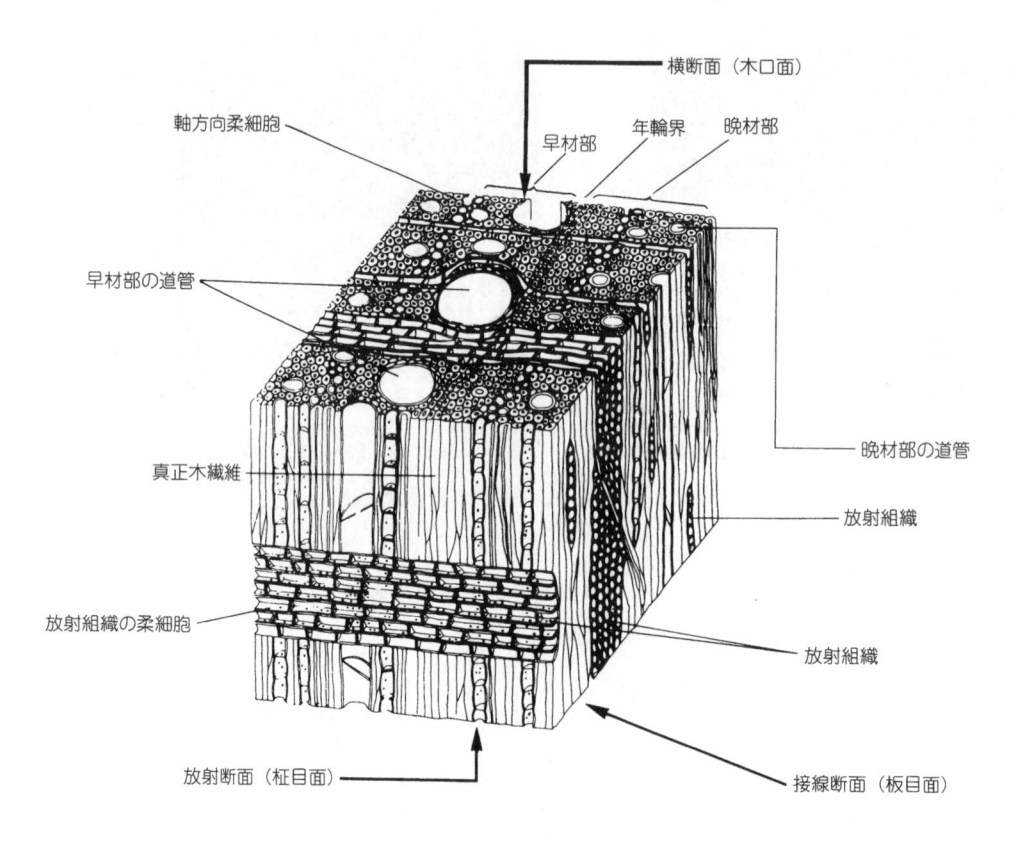

図1-4　広葉樹材の構造模式図

Q2 年輪をミクロに見ると木材の種類により細胞組織は大きく異なることがわかった。針葉樹と広葉樹のマクロ的な違いについて知りたい。

A2 用語解説の中から，まず両者の違いを理解してもらいたい。本章の第2節で両者の違いが塗装に与える影響について解説する。

① 針葉樹：マツ，スギ，ヒノキなどの常緑樹が多く，比較的軟らかで軽く軟材と呼ばれる。組織的には道管がなく，主に仮道管と呼ばれる細胞からなり，家具や建材に用いられる。

② 広葉樹：落葉樹が多く，ナラ，カバ，ケヤキ，セン，タモなどがあり，比較的硬く硬材と呼ばれる。広葉樹は組織的には道管と木繊維などからなり，その道管の配列状態で環孔材及び散孔材に分類される。用途は，家具，建築，船舶，日用品，工芸品など幅広い。

1.2 木材の用語

Q3 無垢板，柾目板，板目板のような呼び方を含め，木材に関する用語を知りたい。

A3 まず，伐採した丸太を口絵1.に示す。この中に出ている用語を網羅し，それぞれについて解説する。図を見ながら，用語の意味を理解しよう。

① 心　材：丸太の中心にある濃色の部分を指す。この部分は生活細胞を含まない死細胞となっている。色が赤みで濃くなっていることから赤身又は赤太とも呼ばれる。木材の色は一般に心材色で表すが，同一樹種であっても色が異なり，色の優劣もある。

② 辺　材：中心部の外側にあって，水の通道と養分貯蔵の役目を活発に行い，一般に淡色であり白身又は白太とも呼ばれる。辺材幅は樹齢が低いほど，また，急速な成長をするものほど広くなる。

次に，丸太を木取り（製材）したときにできる木材の呼び方を整理する。図1－5に示すように3つの断面（木口・柾目・板目）に固有の模様が現れる。

③ 木口面：年輪の見える丸太の横断面をいう。

④ 柾目面：中心軸を含む縦断面（半径方向）をいう。
年輪界は直線の模様となる。本柾と追柾があり，追柾は一部に板目模様が入ったものをいう。

⑤ 板目面：中心軸を通らず柾目面に直角な縦断面（接線方向）をいう。年輪界は山が重なったような模様になる。

⑥ 木　端：板の厚み面（側面）をいう（口絵1.参照）。

⑦ 木　表：板材の樹皮側の面をいう（口絵1.参照）。
⑧ 木　裏：板材の樹心側の面をいう（口絵1.参照）。
⑨ 無垢板：丸太から木取りした板の総称で，ソリッド材ともいう。合板に対して用いられる。
⑩ 木　理：簡潔に表現すれば，木目・模様・紋様を総合した木質感を表す言葉である。木材を構成する細胞にはいろいろな形があり，その配列も様々で方向も異なっているため材面に色々な模様が現れる。これを木理という。
⑪ 杢　　：特に変わった木目や美的装飾価値の高い木目を指していう。これらにはその表情を表す名称が付けられている。例を挙げると，ナラやカシの柾目に出る虎斑杢，ケヤキ，カエデ，セン，クワ，タモ，クスなどに出る丸い玉の輪が渦を巻いたような紋様の玉杢，トチ，カエデ，ホウ，ケヤキ，ケンポナシ，タモなどに出るごく細かい波紋が現れているような縮緬杢，マホガニー，カリンなどに出る光沢の違う縞模様が帯状に見えるリボン杢のほか，鳥眼杢，波状杢，鶉杢など多数ある。杢の種類を口絵2.に示す。また，このような杢を使用して車内部のインテリアに利用している。一例を口絵3.に，インテリア製品に仕上げる塗装工程例を第3章表3-13に示すので参考にされたい。

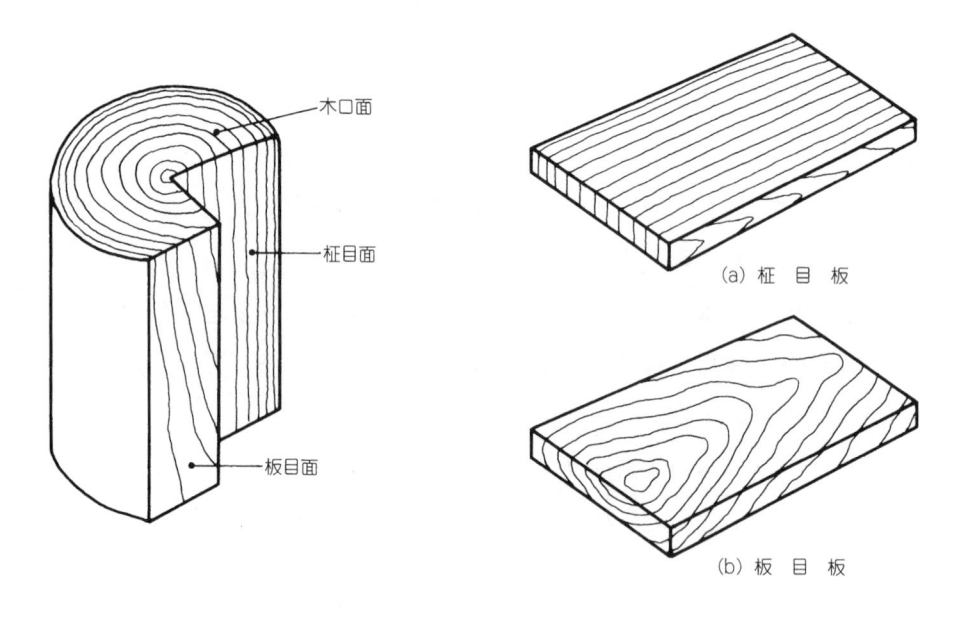

図1-5　丸太からの木取り

Q4 無垢板（ソリッド材）でない合板やボード類も日常よく目にするが，どのような材料なのか。

A4 合板やボード類は木質系材料と呼ばれている。木質系材料とは木材を二次的に加工した製品の総称であり，次のものがある。

① 集成材：板材又は小角材を繊維方向に接着し，長大材にしたもの
② 合　板：単板を奇数枚，それぞれの木目方向に直交させて張り合わせて1枚板にしたもの。
③ 単　板：原木を薄くむいた板で，切削の方法によってロータリー単板，スライス単板などがある。美しい木理を有する単板は突き板と呼ばれ，ナラの突き板を表層に張った合板はナラ合板と呼ばれる。④の天然化粧合板の一種である。
④ 天然木化粧合板：普通合板に化粧効果を目的として薄い化粧用単板（通称，突き板）を張ったもの。
⑤ パーティクルボード：木材を小片にして接着したもの。
⑥ ファイバーボード：木材を繊維にほぐして樹脂で固めたものでMDF[*1]，HB[*2]などがある。

このうち，合板とは薄い単板（ソリッド材）を奇数枚，それぞれの木目方向に直交させて張り合わせて1枚板にしたものである。

以上の木質系材料の中で最も多量に使用されているものは合板である。5枚張り合わせた合板の一例を図1－6に示す。板材としての性能が優れている割には安価であり，膨張・収縮などの狂いが少ない。用途は，コンクリートの型枠に使用されるⅠ類合板（タイプⅠ）から，家具・建具用に使用されるⅡ類，Ⅲ類，特殊合板まで幅広い。また，ボード類は木材削片（チップ）を原料とするパーティクルボードと植物繊維質を原料とするファイバーボードで代表される。これらの材料に接着剤が使用されており，しみ出した接着剤が着色むらや塗料の付着不良の原因になることもある。

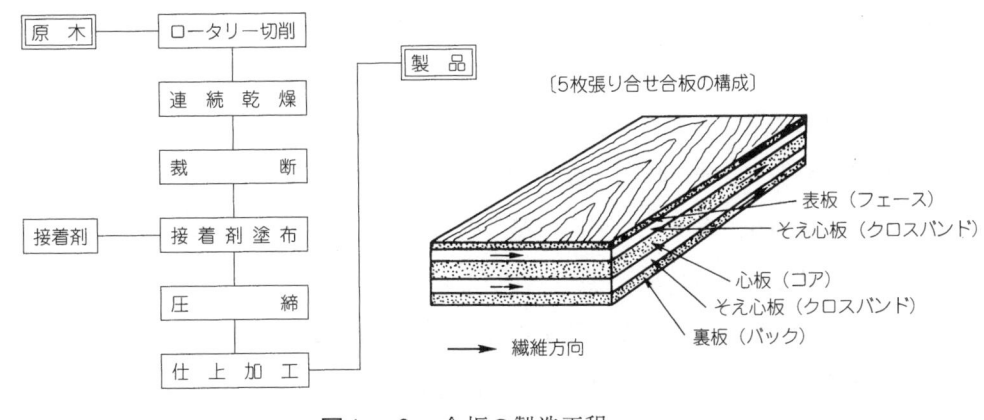

図1－6　合板の製造工程

[*1] MDF：半硬質繊維板（セミハードボード）
[*2] HB　：硬質繊維板（ハードボード）

1.3 木材の特徴

Q5 木材の特徴をまとめるとどのようになるか。

A5 木材とはどのような材料であるかをまとめる。まず，マクロ的に見ると，木材の物質は種々あるが要約してみると次のようになる。

① 丸くて細長く肥大生長と伸長生長を続けて年輪を有する。
② 木材細胞構造物であり，多孔質である。
③ セルロース，ヘミセルロース，リグニンなどの天然有機高分子物質からなる。
④ 繊維方向（軸方向），接線方向（板目面の幅方向），半径方向（柾目面の幅方向）により模様や強度，伸縮の違いがある。

次に，ミクロ的に見ると，木材の組織や構成は次のようなものである。

成分…木材は二酸化炭素と水から太陽エネルギーによる光合成によってできた有機体であり，セルロース約50％，ヘミセルロース約20％，リグニン約20～30％の三大成分で木材細胞を構成している。これらのほかに抽出成分と呼ばれる有機溶剤や水に溶ける成分を含んでいる（国産材で5％以下，熱帯産材には25％のものもある。）。

細胞…木材細胞はセルロースミクロフィブリル（セルロースの束）で細胞の骨格を形成して引張強さやしなやかさを出現させ，リグニンは細胞壁の間げき（隙）を埋めたり，細胞同士を強固に接着して木の硬さや曲げに対する強度を出している。ヘミセルロースはセルロースとリグニンの間を取り持ち，柔軟性と剛直性を調整している。

　これらで形づくられた木材細胞は，中空のパイプ状態で空気を多く含むため非常に軽い。そのため保温（断熱）など種々の効果がある。

Q6 木材はプラスチックや金属などの材料と比べるとどのような違いがあるのか。

A6 定性的な比較のため正確さに欠ける点もあるが，木材が金属や石，コンクリート，ガラス，プラスチックなどと異なる点としては次のようになる。

① 工作がしやすい（切る，削る，穴あけ，釘打ち）。
② 軽くて強い（比重0.4～0.7で鉄やコンクリートに比べ，比強度が高い）。
③ 熱，音，電気を伝えにくい（保温・断熱，音を和らげる）。
④ 調湿作用がある（住宅では居住性がよい）。
⑤ 腐る（乾いた状態では長持ちする。腐ることは廃棄物処理の点では利点となる）。
⑥ 燃える（燃えるが炭化層ができた後は燃えにくい）。
⑦ 狂いが生じやすい。

⑧ 弾力性がある（床材としてはコンクリート床に比べ，適度な軟らかさがある）。
⑨ 年輪や木理が美しい。
⑩ 目に優しい（光沢がなくぎらつかない）。
⑪ 香りがある（気分を落ち着かせる）。
⑫ 変色しやすい。

Q7 木材の名前を聞いたら，その材料はどのようなものなのかを一覧表でわかるようにしたい。塗装する立場から役に立つ木材の分類表を作成して欲しい。

A7 塗装に影響する要因で木材を分類すると，表1－2のようになる。

表1－2　塗装から見た木材の一覧表

区　分		材　　種
針葉樹材		スギ，ヒノキ，ツガ，カラマツ，エゾマツ，イチョウ，イチイ，カヤ，モミ
広葉樹材	環孔材	ケヤキ，ナラ（ミズナラ），ニレ（ハルニレ），アオダモ，セン（ハルギリ），タモ（ヤチダモ），クリ，キリ
	散孔材	ブナ，カバ（マカンバ），トチノキ，カツラ，シナノキ，イタヤカエデ，オニグルミ，アサダ，ホウノキ，ミズメ
道管の大きいもの		ナラ，レッドオーク，タモ，ケヤキ，ホワイトアッシュ，シオジ，タガヤサン
道管の小さいもの		カバ，ブナ，シナノキ，イタヤカエデ，アメリカンチェリー，ハードメイプル
硬い材質のもの（中間的なものも含む）		コクタン，シタン，ブビンガ，レッドオーク，ホワイトアッシュ，イタヤカエデ，イペ，ジャラ
軟らかい材質のもの		シナノキ，ホオノキ，アガチス，ポプラ，ツガ，スギ，マツ類，キリ
材　色	淡いもの	ホワイトバーチ，セン，ハードメイプル，ポプラ，スプルース，ペルポック，ホワイトアッシュ，ホワイトウッド
	中間位	カバ，ブナ，ケヤキ，アメリカンチェリー，チーク，サペリ，ゼブラウッド，ホンジュラスマホガニー，ブビンガ
	濃いもの	コクタン，ウェンジ，ローズウッド，パドック，オリーブウォールナット，クラロウォールナット
やにのあるもの		クロマツ，アカマツ，カラマツ，ベイマツ
あくのあるもの（タンニン分の多いもの）		ローズウッド，シタン，コクタン，チーク，パープルウッド

鎌田賢一「第17回木工塗装入門講座テキスト」(2005)

Q8 外部用木工製品の塗装で生じやすい欠陥は塗装系の割れ発生である。塗膜が割れやすいのはなぜか。

A8 木材を大気中に放置しておくと，大気中の温度と相対湿度に対応して木材中の含水率が変化する。その結果，木材は膨張したり，収縮したりするが，その変化は等方的で

ない。

　木材の含水率を約60％から一連に低下させたときの寸法変化を測定すると一般に，図1－7で示される。木繊維方向の膨張・収縮は小さくて，実用上問題にならないが，繊維方向に直交する木材断面の半径方向及び接線方向の寸法変化は極めて大きく，その比はおおよそ1（繊維）：12.5（半径）：25（接線）である。そのため，木材が脱水するとき，空気側の表面層から徐々に脱水する。このとき，表面層は自由に収縮できないので引張り力が作用し，塗膜は木目と直角方向に引張られ，塗膜の破壊強度を超えると割れてしまう。木材の含水率を大きく変化させると，一般に板目板は狂いが生じやすい。

　木材の塗装に適した含水率は8～12％である。含水率が高いと素地研磨のときのけば取り不良，塗装後の塗膜のふくれ，剝離，白ぼけなどの塗装不良を引き起こす。

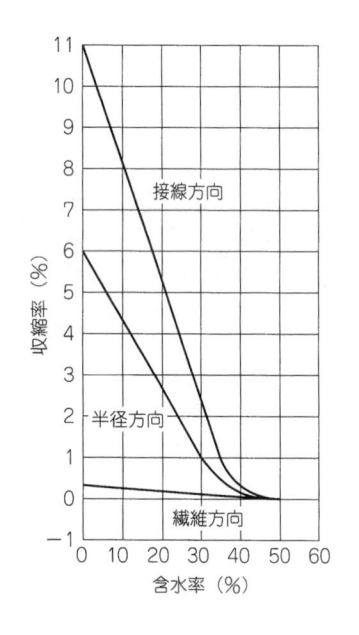

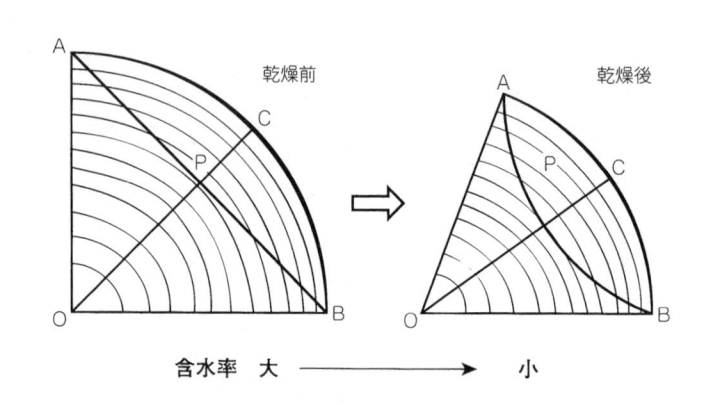

岡野健編「木材のおはなし」日本規格協会

図1－7　含水率による木材の寸法変化

第2節　塗装をする前の予備知識

　前節で学んだ木材の構造や寸法変化などの特異性を理解した上で塗装に入りたい。本節では木材の特異性と塗装との関係に焦点を絞り，どのように塗装したら木材の素顔をよりよく表現でき，保護できるかを考える。

2．1　木材に適する塗装仕上げ

Q9　木材の一般的性質と塗装との関係を知りたい。
A9　Q6で取り上げた他の材料にはない木材の性質と塗装との関係をまとめると表1－3のようになり，木材の保護機能及び美観の付与と維持が塗装の役目であることがわかる。

表1－3　木材の一般的性質と塗装との関係

一般的性質	塗装との関係
・繊維質である。 　材質が繊維質であり，素地や下塗り後に手羽(けば)が立ちやすい。	素地研磨や下塗り後に研磨が必要である。
・方向性がある。 　繊維の長さ（縦）方向と幅（横）方向がある。	素地研磨や塗膜研磨作業に方向性がある。
・軟質である。 　金属などに比べて素地が軟らかくへこみや傷がつきやすい。	塗料によりある程度木材表面に硬さを付与し，守る。
・多孔質である。 　金属やプラスチックに比べて素地面が粗く空げきが多い。	着色剤や塗料の吸込みが多く塗装工程もかかる。
・道管孔がある。 　材面では大きく深い道管孔のあるものも多い。	目止め処理の有無と程度は塗装仕上がりに影響する。
・木理がある。 　他の素材にはない自然な樹種特有の木目・模様がある。	素地の模様の美しさを残す透明（着色）仕上げができる。
・色調がある。 　樹種によりそれぞれの色相と濃度を持っている。	着色剤と着色方法の選択で素材色を生かす着色をする。
・やにがある。 　樹種は少ないが，やに又はあくを持つものがある。	塗料の硬化性や素地付着性を阻害する場合，対策を講じる。
・親水性である。 　水にぬれると中まで染み込み汚れやすい。	耐水性が求められる場合は耐水性のある塗料を選ぶ。
・腐りやすい。 　水にぬれたまま長期間放置すると腐れが発生しやすい。	防腐性能が求められる場合は防腐処理を行う。

次に，針葉樹と広葉樹の特徴と塗装という立場で，良い塗装の仕方をまとめてみたい。

Q 10 針葉樹材の着色を含めた塗装仕上げの方法を教えて欲しい。

A 10 質問の意味は針葉樹材の特徴を生かした仕上げ方とはいかにあるべきかになる。簡潔に整理すると，次のようになる。

早材と晩材の部分がはっきりしている針葉樹材はソフトウッドとも呼ばれ，晩材は硬いが早材は人のつめで軽く圧してもすぐ傷が付いてしまうほど軟らかい。塗装はこの軟らかさを残したまま仕上げる薄塗り仕上げやつや消し仕上げが多い。

色は全く着色しない素地のままか，白を基調としたごく薄い着色が素材の特徴に似合っている。染料や顔料による着色で，晩材の持っている黄褐色より濃い着色では，早材部分が吸い込みによって晩材よりも濃くなり，いわゆる着色の逆転現象が生じる。

これは，自然の色模様が逆になるので違和感を覚える場合もあるが素材の特徴として受け入れられている。ワイピング着色やはけ塗りでは色むらを生じることも多く，捨て塗り後に目止め着色を行うか，スプレー着色にするなどの工夫が必要である。

Q 11 同様に，広葉樹材に対する塗装仕上げの方法を教えて欲しい。

A 11 針葉樹材と比較しながら整理すると，次のようになる。

宝石のように，硬いものほどよく光るといわれているように，硬材にはつやありの塗装の仕上げが，軟材にはつや消し仕上げがよく似合う。広葉樹材は針葉樹材に比べ，硬い材質のものが多いから，つやありで，薄塗りよりも厚塗り塗装をした方が木質感を表現しやすい。

早材と晩材部の硬さに違いはないので着色や塗装に影響することは少ない。

年輪に沿って大きい道管が並ぶ環孔材には濃い目の目止め着色（顔料着色）をすると木理の強調がしやすい。散孔材は小さい道管が多く散在するので，道管を強調する仕上げよりも全体着色（素地着色か塗膜着色）が好ましい。

広葉樹はその種類を問わず道管があるので木質感を出しやすいこと，樹種による木理，材色が多様であることなどから，幅広い変化に富んだ塗装の仕上がりを期待することができる。

Q 12 道管の特徴を生かす広葉樹材の塗装の仕方を教えて欲しい。

A 12 塗装の仕上げ方については第3章にまとめるが，ここでは第3章の表3－3を見ながら理解して欲しい。

　木材の道管は大きく深いものから浅く小さいものまで，木材種によってその大きさ・形状は様々である。大きいものは環孔材に見られ，小さいものは散孔材に多い。

　道管孔の処理の仕方によって塗装の仕上がり状態を区別して呼んでいる。すなわち，道管孔が完全に開いたまま仕上げるオープンポア仕上げ，目止め剤などで埋めて平滑面に仕上げるクローズポア仕上げ，これらの中間に位置するセミオープン（又はセミクローズ）ポア仕上げなどがある。

　オープンポア仕上げはもとの道管がそのまま残り，最も木材らしい塗装の仕上がりといえる。しかし，テーブルの天板などでは使用中に汚れが入り込むなどの欠点が生じるので，用途によって使い分けをする。塗膜の物性をあまり求めず木質感を優先させる塗装には硝化綿（ニトロセルロース）ラッカーが適している。

　クローズポア仕上げは，道管孔を目止め剤及び塗料によって充てんし，平滑な塗装の仕上がりを得るものだが，道管が大きく深いものほど止まりにくい。なかでも，厚膜で鏡の表面のように光沢のある仕上げのことを鏡面仕上げと呼んでいるが，これに適した塗料には不飽和ポリエステル樹脂塗料（通称ポリ）がある。

　セミオープンポア仕上げでは，ある程度目止め剤で道管孔を埋め込み，塗料も道管に入れて仕上げるが，外観的にはへこみを残した仕上がりとなる。使用する塗料としては，ポリウレタン樹脂塗料が一般的である。

Q 13 材色と塗装仕上げとの関係をどのような基準で見ればよいのか。

　木材の色は心材が濃色で辺材は淡く白っぽいが，これらの色は樹種によって大きく異なる。特に心材では，色の濃淡で見れば明るく（淡く）白いものから暗く（濃く）黒いものまであり，色相（色合い）も茶色系を中心に黄系，赤系，紫系，緑系，黒系など多様である。材色をおおまかに濃淡に分けて，塗装仕上げの方法を教えて欲しい。

A 13 白色又は淡色系の木材では，素地の明るさをそのまま生かす無着色塗装仕上げ（木地仕上げ）をはじめ，ごく薄い着色から中間そして濃色と自由に着色が可能である。また明るい木材には，白木地仕上げ（塗料によるぬれ色にならないような塗装）やホワイトパステル仕上げ・パステルカラー仕上げには好適である。淡色系の木材には，淡色系着色というのも1つの方法である。

　塗料の選び方としてオイルフィニッシュはオイルの色焼けの点から白い木材には適さな

い。2液形ウレタン塗料にも普及品の中に黄変性の激しいものがあるので，難黄変タイプか無黄変タイプのものを選択する。また，より材色を明るくするために漂白処理した場合はこの漂白剤に影響されない塗料を使用する。

中間色系材では，持っている材色を生かした同系の着色のほか，色合いを変えた中濃度から濃色仕上げが可能である。例えばカリンなどだいだい（橙）〜赤系材では，赤〜暗い（深い）赤の着色が自然で無理のない良い感じに仕上がる。

中間から濃色系のチークやウォールナットではオイルフィニッシュがよく似合い，塗装の中で最も素材感の残る仕上がりとなる。これにはブナやアルダーなどの明るめの木材が使われることもある。

コクタン，タガヤサン，ウェンジなどの濃色材には，塗料によるぬれ色だけで濃くなってしまうので，暗い色や濃い着色をしないこと。これらには，透明感のある色を薄く着色する程度でも十分，重厚な感じに仕上がる。

Q14 1枚の板材の中に心材と辺材が混在したり，システムキッチンの部材に心材色と辺材色の板材が混在することがある。色の均一性が求められる場合にはどのようにしたらよいか教えて欲しい。

A14 いわゆる赤身（赤太），白太の混在であり，これを源平材(げんぺいざい)と呼ぶ。この対策は，素地着色をする前の段階で，白太の方へ赤太の素地のぬれ色と同じになるような着色を施す。この白太着色に使用する着色剤をサップステインと呼んでいる。

家具には主に心材の方を使うが，ブナ，メイプル，カバ，ケンポナシ，サクラなどでは強さと美しさの面から辺材を使用することが多い。

Q15 木材には木理（木目・模様・紋様）が見るからにはっきりしているもの，逆に均一的で変化に乏しいものなど，その表情は様々である。この様な場合，どのような考えで塗装に入ればよいのか。

A15 多くの場合は木材の素顔が塗装に反映されるが，中には着色や塗装することで木材の特徴が消えたりする。例えば，口絵2．に示すいろいろな杢へ濃い素地着色をすると，それぞれの持っている特徴が消えて汚いだけになることがある。このような場合は，無着色か，汚くならない色合いにするか，薄い着色か，塗膜着色だけにするか，など着色剤と着色方法を工夫する必要がある。一方，木理が均一的で変化に乏しい木材についても無着色か，白を基調としたごく薄い着色が適合する。

Q16 表1−2に示す一覧表から，やにやあく（タンニン）の多い木材を見つけることができるが，これらは塗装とどのように関係するのか。

A 16　松材などは，松やに（ロジン）を含み，この上に塗装するといつまでも部分的に塗膜表面がべとつくことがある。目に見えて明らかな松やには，温度が上昇するとじわりとにじみ出てきて外観上も見苦しい。木材の表面のみを溶剤（アルコールやガムテレビン油など）でふき取っただけでは除去にならないし，やに止めシーラーで抑え込むことも難しい。塗装前に熱と水蒸気で蒸し出すか，特殊な表面処理法を採用しなければならない。

　コクタン，ローズウッド，シタンなどの南洋材は，タンニン分（反応を抑えるキノン類になる）を多く含み，特にラジカル反応により硬化する不飽和ポリエステル樹脂及び紫外線硬化形塗料などは，硬化障害と付着不良を発生する。クスノキ（楠）材中のしょうのう（樟脳）分は，2液形ポリウレタン樹脂塗料の橋かけ反応を促進させ局部的に反応が進み，塗膜のはじきや付着不良を生じやすい。したがって，これらの塗装にはあらかじめ，やに止め効果の大きく設計されたやに止めシーラー（厚膜で高架橋度の2液形ポリウレタン樹脂系シーラー）を使用して，やにが塗膜層に拡散しないようにする。

　以上のように，木材からの抽出成分が塗装の障害になるので，表1－2の一覧表にあるやにやあく（タンニン）の多い木材を塗装する場合には，あらかじめ，やに止めシーラーの選択や使い方（何回塗ればよいか，乾燥条件など）を確認しておくことが大切である。

Q 17　木質系ボード類の塗装はどのように行えばよいのか。

A 17　木材を原料として工業生産されたボード類は多種ある。木材の原型が壊されているのでもとの自然の木目はなく，加工の仕方によってできる人工的な模様が現れる。

　これらは，そのまま塗装してコンクリートの打ちっ放し的なイメージを求めることはできるが，木材本来の美観を求めることはできない。パーティクルボードなどのすき間やへこみの多い木材を平滑にしたい場合は，木粉を接着剤で練ったパテか充てん性の高いパテで埋めてから塗装する。HBやMDFなどのファイバー（繊維）ボードでは，塗料の吸い込みの激しいものも多いので，一度に止めようとせずに回数塗りで平滑にする。

　いずれも材料の表面美観に不満足な場合は，不透明なエナメル塗装や変わり塗り（加飾塗装）などの塗装上の工夫で変化を持たせる方法がある。

Q 18　木質系ボード類も含め，木材の種類により適する塗装仕上げがあると思うが，一覧表にまとめて欲しい。

A 18　おおまかではあるが，表1－4のようになる。あくまでも木材の素顔に調和しやすいかどうかを基準にしているので，この表が標準ではない。

Q 19　表1－4にある各種塗装仕上げについて解説して欲しい。

A 19　塗装仕上げについては第3章で説明するので，ここでは第3章で取り上げていな

い仕上げ方法について解説する。

表1-4　木材の種類と適用される塗装仕上げ

材種＼塗装仕上げ	透明仕上げ									不透明仕上げ		
	透明無着色		透明着色							半透明着色	不透明着色	
	木地色仕上げ	オイルフィニッシュ	白木仕上げ	鮮明色仕上げ	一般着色仕上げ	民芸調仕上げ	アンティーク仕上げ	時代塗り仕上げ	神代色仕上げ	パステル仕上げ	エナメル仕上げ	加飾仕上げ
ナラ	○	○	○		○	○	○			○		
タモ	○		○	○	○		○	○				
セン	○		○	○	○			○				
カバ	○		○	○	○	○				○		
シナ				○	○						○	○
ブナ	○				○					○		
ケヤキ	○	○			○							
コクタン	○				○							
マホガニー	○				○							
チーク	○	○			○							
ウォールナット	○	○			○							
ローズウッド		○			○							
ラワン											○	○
ヒノキ	○		○									
スギ	○							○	○			
マツ	○								○			
パーティクルボード											○	○
ファイバーボード											○	○

鎌田賢一「第17回木工塗装入門講座テキスト」(2005)

① 白木仕上げ：通常，木材は塗料を塗るとぬれ色になって，もとの材色より濃くなるが，そうならないように仕上げる方法である。もとの材色で仕上げ，あたかも塗装していないように仕上げるのがポイントである（口絵4．(2) カバ材白木仕上げ参照）。

② 民芸調仕上げ：もともとは漆塗りが出発点であり，落ち着いた重厚感のある仕上げ

方を総称している。木質感を引き出すように漆をすり込んで仕上げる方法をまねて，アルコールステインで素地着色を行い，次に濃色になるように目止め着色を行い，ふき取りに強弱を付けて陰影を付ける方法である。

③ アンティーク仕上げ：日本の民芸調仕上げに対して，ヨーロッパやアメリカでの伝統的な仕上げを意味する。古めかしさを表現するために物理的な傷を付けるので，無垢材が適している。

④ 時代塗り仕上げ：道管の大きいケヤキ，ナラ，ニレ，セン，タモなどに適している。平滑な木肌部分に透明着色をし，木目に白，灰色，薄い黄色，薄い茶色などで目止め又は目だしをする方法である。この対象が落ち着きと明るさを表し，鏡台，茶だんす，座卓などに適用される。

⑤ 神代色仕上げ：木材が土中に埋まって着色した埋もれ木と同じ感じのものを人工的につくり出す仕上げ方である。薬品着色が適用されることが多い。

⑥ パステル仕上げ：白をベースに他の色を加えて，半透明に白く濁った状態に仕上げる方法である。木質感はやや失われるが，ソフトな感じになる。

2.2 塗装系の考え方

Q 20 塗装系，塗装工程と塗装仕様という表現がよく出てくる。用語の意味を教えて欲しい。

A 20 被塗物の種類に関係なく，一般に塗装は第2章の図2－6に示す順序で仕上げられる。下塗り，中塗り，上塗り塗料の組合わせを塗装系と定義する。一般に塗装系の名称は上塗り塗料の名前になる。壁面の塗装で，合成樹脂エマルションエナメルが上塗りの場合には合成樹脂エマルションペイント塗りとなる。

次に，塗装工程とは第2章の図2－6に示す素地調整から磨きまでの塗装仕上げに必要な作業全体を意味する場合と，素地調整や中塗りのような単独の作業を意味する場合がある。

さらに，一連の塗装工程を明記し，塗り工程では塗料の希釈や塗付量並びに乾燥時間（塗り重ねに要する時間）を規定したもの，また後処理作業（主として，研磨作業）では研磨方法や研磨紙の番手を規定したものを塗装仕様と呼んでいる。公社や公団，民間の建設会社や工務店が定めた基準を文書にしたものが仕様書であり，その内容は様々である。建築分野では公共工事が多いことから，日本建築学会が定めた塗装工事の標準仕様書JASS18があり，仕様書に従って施工しなければならない。一例として，JASS18の合成樹

脂エマルションペイント塗り仕上げの仕様書を表1−5に示す。ここで，A種とは屋外用，B種とは屋内用を意味する。

表1−5 合成樹脂エマルションペイント塗りの仕様書 (JASS 18-2006)

工程		塗装種別		塗料，その他	希釈割合（質量比）	塗付け量 (kg/m^2)	工程間隔時間
		A種	B種				
1	素地調整	●	●	−		−	
2	パテ付け	○	−	合成樹脂エマルションパテ		−	3h以上
3	研 磨	○	−	研磨紙P220		−	−
4	下塗り	●	●	合成樹脂エマルションシーラー（クリヤタイプ）	製造所指定による	0.07	3h以上
				水			
5	中塗り	●	●	合成樹脂エマルションペイント	100	0.11	3h以上
				水	5〜20	−	
6	研 磨	○	−	研磨紙P280			
7	上塗り	●	●	中塗りに同じ			(48h以上)

(注) 1) ●：実施する ○：通常は実施しない −：実施しない
2) 工程7の工程間隔時間は最終養生時間である。

Q 21 塗料の種類と組合わせや使い方によって,塗膜間の付着不良,縮み(しわ),変色,割れ(クラッキング)などの問題を発生することがある。問題の発生しやすい塗装系を具体的に知りたい。

A 21 必ず発生するわけではないが,問題の出やすい推薦できない塗装系を表1-6に,推奨できる塗装系を表1-7にそれぞれ示す。

表1-6 問題の発生しやすい塗装系

塗装系			問題点	現象	原因	対策
下塗り(シーラー)	中塗り(サンディングシーラー)	上塗り(フラット・クリヤ)				
ラッカー	ウレタン	ラッカー,ウレタンなど	縮み	塗膜がしわしわの状態	ウレタン塗料が下塗りラッカーを膨潤させる。	下塗りをウレタンかすべてをラッカーにする。
ラッカー	ポリエステル	ラッカー,ウレタン	付着不良,銀目	木目が白銀に光っている状態	ラッカーとポリエステルの付着性が不良。	下塗りをウレタンシーラーにする。
	ラッカー	アミノアルキド	粉吹き	塗膜表面に粉が付いている状態	アミノアルキドの硬化剤によりサンディングの研磨剤が析出。	中塗りもアミノアルキドにする。
	ポリエステル	アミノアルキド				
	アミノアルキド	ウレタン	変色	黄色に変色	アミノアルキドの硬化剤によりウレタンが変色。	すべてをアミノアルキドかウレタンにする。
	ラッカー	湿乾ウレタン	変色	黄色〜赤色に変色	湿乾ウレタンが硝化綿と反応する。	すべてを湿乾ウレタンのみにする。
	ラッカー	油変性ウレタン	付着不良	塗膜同士の付着性不良	ラッカーと油変性ウレタンの相性が悪い。	すべてを油変性ウレタンのみにする。
セラックニス		一液・二液のウレタンなど反応硬化塗料	付着不良	塗膜同士の付着性不良	セラックニスとウレタンの相性が悪い。	上塗りをラッカー又は油ワニスにする。

表1－7　推奨できる塗装系

仕上げ名	塗装系			特徴	仕上がり感	用途
	下塗り （シーラー）	中塗り （サンディングシーラー）	上塗り （フラット・クリヤ）			
ラッカー仕上げ	ラッカー	ラッカー	ラッカー	1液形で使いやすく乾燥が速い。	木質感あり温かみのある仕上がり	無垢の家具建築内装ほか
	ウレタン	ウレタン	ラッカー	下・中塗りの塗膜が丈夫	耐久性を重視しながら温かい仕上がり	家具，建築塗装ほか
	ウレタン	ポリエステル	ラッカー	ポリエステル厚膜クローズポアラッカー仕上げ	耐久性と重厚感があり表情はやや柔らかい	家具，楽器ほか
アミノアルキド仕上げ		アミノアルキド	アミノアルキド	高固形分の塗料のわりに比較的安価	塗膜が硬く，白木塗装に向く	脚物家具,建築床用
ウレタン仕上げ	ウレタン	ウレタン	ウレタン	2液形が多く比較的作業性はよい。	塗膜が強じんで耐久性あり	家具，建築ほか広範囲
	ウレタン	ポリエステル	ウレタン	ポリエステル厚膜クローズポアウレタン仕上げ	耐久性と重厚感あり	家具，楽器
ポリエステル仕上げ	ウレタン	ポリエステル	ポリエステル	ポリエステル鏡面磨き仕上げ	重厚感，透明感，平滑性	家具，楽器
UV仕上げ	UV	UV	UV	速硬化性建材や合板の大量生産向き	硬く冷たい感じの仕上がり	住宅部材
	ウレタン	ウレタン	UV	素地付着，塗膜層間の付着性がよい。	やや硬い感じの仕上がり	家具，建材
	ウレタン	ポリエステル	UV	ポリエステル鏡面UV仕上げ	プラスチック化した感じの仕上がり	家具

練 習 問 題

次の文について，正しいものには○を，誤っているものには×を付けなさい。

（1） 木材は針葉樹と広葉樹に大別でき，針葉樹の方が建築用構造材に適する。
（2） 木目の美しいナラは道管が大きい広葉樹の散孔材である。
（3） 木材の年輪は1年ごとに大きくなり，その細胞は早材部と晩材部からなる。
（4） 柾目材は針葉樹から，板目材は広葉樹から木取られる。
（5） 化粧合板とは木材を小片にして接着したものである。
（6） 木材はコンクリートや鉄に比べて，比強度が高い。
（7） コクタンやローズウッドなどの南洋材はタンニンを多く含み，これらの木材にUV硬化塗料を塗ると硬化障害を起こしやすい。
（8） 玄関ドアなど外部用木工製品の塗装で生じやすい欠陥は塗膜の割れが発生することである。
（9） 塗装系とは膜厚を意味する用語である。
（10） 一般にポリウレタンシーラーを下塗りすると，次工程の塗料がラッカーであっても，不飽和ポリエステル樹脂であっても，縮みや塗膜／塗膜間での付着不良が起きにくい。

第2章 塗装材料

> **キーポイント**
> ① 塗料の持つ機能性は。
> ② 塗料にはどんな種類があり，その特徴は。
> ③ 塗料はどんな構成成分でできているのか。
> ④ 乾燥して塗膜になったらチョコレートタイプとクッキータイプの2種類しかない。
> ⑤ 木工塗装に必要な材料にはどんなものがあるか。

第1節 塗料とは

1.1 塗料の構成

　塗料は外観上，透明又は有色のどろどろした液体であり，どんな形状の被塗物上にも塗り広げることができ，塗装後，流動性がなくなり（固化），乾燥し固着した塗膜をつくる施工材料である。その塗膜は，被塗物の表面をいろいろな色や光沢又は模様で外観を整えその商品価値を高める美粧効果と，外的な作用による劣化から保護する2大機能を発揮する。塗料は塗膜となってはじめてその目的を果たすもので，塗料そのものは半製品の位置にある。塗料の持つ目的と同様な機能を持つものに，めっき，ほうろう，壁紙などがあるが，塗料は被塗物の形状，場所の制限を受けることなく自由に施工できること及び塗り替えが比較的容易にできるという利点を持っている。この美粧，保護の2大機能に加えて，さらに被塗物の表面の改質により，いろいろな特殊機能を与える機能性塗料類の開発も極めて盛んである。表2-1にその例を示す。

　基本的な塗料の構成成分を図2-1に示す。その成分は塗膜になる成分（加熱残分；%）とならない成分に分けられる。この中で，顔料は水や溶剤に溶けない微粒粉末で，造膜機能を全く持たないが，塗膜にいろいろな色と隠ぺい性をもたらす。顔料も塗膜の一部になるようにつなぎ合わせ，被塗物に付着させる役目をするのが天然樹脂や合成樹脂からなる塗膜形成主要素と助要素（可塑剤のような成分）である。溶剤は塗膜形成要素を溶かし塗料化するもので，その特性は，樹脂に対する溶解性と蒸発速度であり，塗膜の流動性と乾燥速度を支配する。

表2-1 機能性から見た塗料

効果＼機能	光学的	熱的	電気・磁気	機械的	付着性	生体	化学的
安全性及び保護	・発光＊ ・道路・標識用＊	・防火 ・耐熱	・電気絶縁 ・電磁波シールド ・電波吸収 ・半導体用	・破びん防止 ・滑り止め ・弾性	・結氷防止 ・着雪防止 ・可はく性（ストリッパブル）	・防虫 ・殺虫 ・防腐 ・防かび ・放射線防御	・防さび ・耐薬品性 ・耐水 ・耐油
快適性	・紫外線遮断	・結露防止 ・熱線反射 ・遮熱	・帯電防止	・しゅう動（潤滑） ・防音 ・防振	・非粘着 ・張紙防止	・抗菌	・ガス選択吸収 ・消臭
経済性（省エネ・省資源）	・太陽光吸収	・太陽熱吸収	・導電	・耐摩耗 ・耐チッピング	・はっ水 ・はつ油	・水産栄養（養殖） ・船底防汚（セルフポリッシング）	
表示及び記録	・光電導 ・液晶表示 ・フォトレジスト	・示温 ・感熱記録	・磁気記録				

(注) ＊印以下，すべての項目で塗料を省略する。

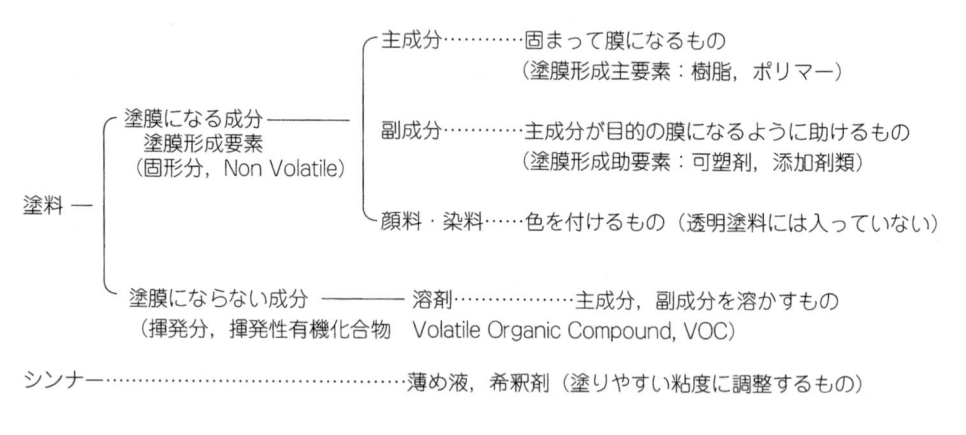

```
          ┌ 塗膜になる成分 ─┬ 主成分 ………… 固まって膜になるもの
          │  塗膜形成要素  │              （塗膜形成主要素：樹脂，ポリマー）
          │ （固形分，Non Volatile）│
          │               ├ 副成分 ………… 主成分が目的の膜になるように助けるもの
塗料 ─┤               │              （塗膜形成助要素：可塑剤，添加剤類）
          │               └ 顔料・染料 …… 色を付けるもの（透明塗料には入っていない）
          │
          └ 塗膜にならない成分 ─── 溶剤 ………… 主成分，副成分を溶かすもの
             （揮発分，揮発性有機化合物 Volatile Organic Compound, VOC）

   シンナー …………………………… 薄め液，希釈剤（塗りやすい粘度に調整するもの）
```

図2-1 塗料の基本組成

　省資源，大気汚染防止のため特に工場塗装ラインでは，塗料のハイソリット化（塗装時の溶剤の揮発量を減らす）や無溶剤形（粉体塗料など）にしたり，水系化の塗料を使う方向にある。塗料用添加剤には，塗膜を軟らかくする可塑剤，酸化乾燥を促進する乾燥剤，顔料を均一に分布しやすくする顔料分散剤，消泡剤，はじき防止剤，レベリング剤，つや消し剤，紫外線吸収剤などがあり，塗料の調整から塗膜の形成に至るまで多くの添加剤が使用されている。

木工用塗料では，その仕上げ外観によるニーズから，着色剤として，透明仕上げを与える各種の染料類，微粒化された顔料類が使われている。また，樹脂類には，速乾性である硝化綿樹脂系，強じんな塗膜を与えるポリウレタン樹脂系，安価で塗装効果のよい酸硬化形アミノアルキド樹脂系，また塗装効果のよい不飽和ポリエステル樹脂系，外装用では長油性アルキド樹脂系，内装用としてはエマルション樹脂系などがある。

1.2　塗料の分類

塗料の種類は多岐にわたり，1つの方式のみで分類するのは難しい。各種因子で木工塗料を分類すると，図2－2のようになる。塗膜の力学的強度，耐候性，耐薬品性や熱的性質は塗料用樹脂に依存するから一般に樹脂名で塗料を分類することが多い。図2－2を見ても明らかなように，②の樹脂名（塗膜形成主要素）で分類するとその数は多くなり，分類の目的が果たせない。図2－2に示す分類因子①～⑤のうち広義に塗料を見渡せるもの

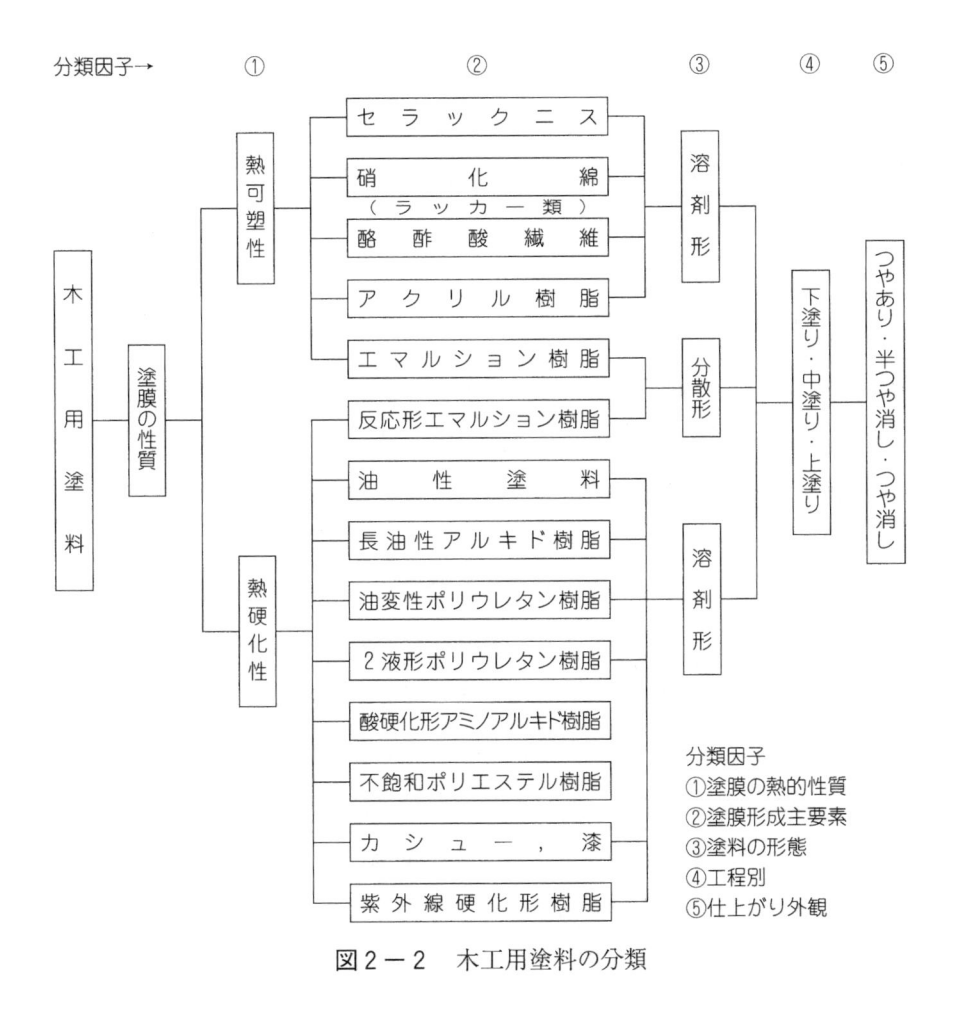

図2－2　木工用塗料の分類

分類因子
①塗膜の熱的性質
②塗膜形成主要素
③塗料の形態
④工程別
⑤仕上がり外観

は①塗膜の熱的性質と③塗料の形態である。本書では流動状態の分類を③の形態で行い，固体状態を⑤の熱的性質で分類する。

　塗料を③の形態で分類すると図2－3に示すように溶液形，分散形及び粉体の3つのタイプになる。それぞれについて解説する。

1．2．1　塗料形態による分類
（1）溶　液　形
　塗膜形成主要素と助要素が溶媒中に溶解している塗料を総称して溶液形と呼ぶ。図2－3（a）で示される有機溶剤可溶タイプと，図（c）のように水系溶媒中でポリマーがイオンとなって溶けている水溶性タイプ，さらに図（b）のようにポリマーに比べて分子量の小さいプレポリマーやオリゴマーがモノマー（単量体）に溶けており，すべての成分が化学反応して橋かけ塗膜を形成する無溶剤タイプに分類することができる。橋かけ塗膜を形成する無溶剤塗料には不飽和ポリエステル樹脂や紫外線，電子線硬化塗料が当てはまる。

　一方，加熱により流動性を保っているホットメルト形の無溶剤塗料がある。この塗料は，前述の橋かけ塗膜（熱硬化性塗膜）と相対するラッカー塗膜（熱可塑性塗膜）を形成する。道路中央の白線，黄線又は歩道を表す路面表示用塗料（トラフィックペイント）や段ボールの接着剤に代表される。

（2）分　散　形
　エマルション重合でポリマーとなる図2－3（d）エマルションタイプと，脂肪族炭化水素系溶剤中にポリマー粒子が分散している図（e）NADタイプに大別できる。いずれもポリマーが粒子として溶媒中に分散しているから，ポリマーの分子量がどんなに大きくても低粘度で，塗装時の固形分を高めることができる。通常は塗装しやすいように増粘剤が添加されている。

　エマルション塗料は，水に溶けないポリマー粒子が界面活性剤で覆われている水中油滴形（O/W, Oil in Water）になっており，牛乳・マヨネーズもO/W形である。一方，漆はウルシオールの中に水可溶性物質であるゴム質が粒子として分散している油中水滴形（W/O）エマルションであり，バター・マーガリンも同じタイプである。

　NADはNon Aqueous Dispersionの略で，非水分散と訳せる。大気汚染を防ぐ見地から，芳香族炭化水素系溶剤の排出を抑えるために開発された塗料で，NAD形塗料と呼ばれる。2液形ポリウレタン樹脂塗料としてよく使用されるほか，ポリマー粒子特有の流動性や物性を利用する目的で，溶液形塗料に混合して用いることも多い。図2－3（e）に

示すように，ポリマー粒子の外側にあるひげの部分のみが溶媒である脂肪族炭化水素に溶解して，分散相を安定に保っている。

分散形塗料の塗膜形成は，粒子同士の融着による。小さい粒子が接近するとすき間ができ，毛細管の作用で溶媒が抜けやすくなり，図（f）に示すように2個の粒子が1個の粒子になるように，次々に融合を繰り返しながらはちの巣のように造膜していく。

塗料状態ではポリマー粒子の大きさが可視光の波長に比べて大きいから白く見えるが，塗膜になるとポリマーは分子オーダーになり，もはや光を散乱することなく透明になる。

(3) 粉　体

粉体塗料は有機溶剤や水を使用しない固形分100％の粉末状塗料で，静電吹付け又は流動浸せき（漬）法により被塗物に塗装し，それを焼き付けることにより流動状態を経て連続塗膜を形成させる。粉体塗料の約70％は熱硬化性のエポキシ樹脂系である。エポキシ樹脂の硬化剤である酸無水物は，あらかじめ顔料と同様にエポキシ樹脂中に練入されており，粉体が溶融流動してから反応するように設計されている。

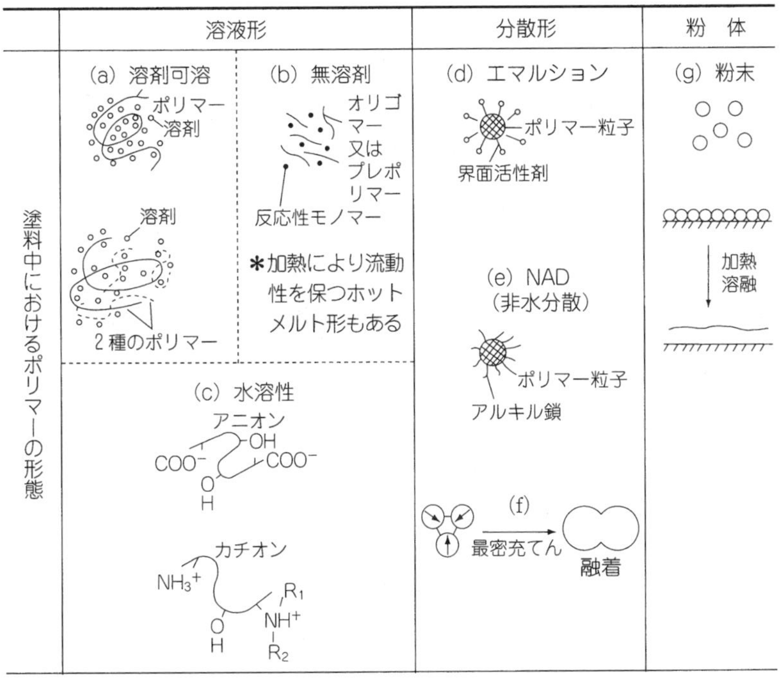

図2-3　塗料の形態

1.2.2　塗膜の熱的性質による分類

チョコレートタイプは加熱するとどろどろの液状になるが，クッキータイプは流動せず，

どんどん加熱温度を上げると焦げついてしまう。塗料にはたくさんの種類があるが、いったん乾燥して塗膜になると、それらの熱的特性はチョコレート又はクッキーの2タイプである。この2タイプの大きな相違点は塗料（液体）が乾燥硬化して固体になる塗膜形成過程にある。

（1） チョコレートタイプ（ラッカータイプ）

図2-4（a）に示すように、チョコレートタイプの塗料なら、塗膜になる主成分が乾燥前後で化学変化をしない。すなわち、塗膜主成分であるポリマーの分子量が不変である。乾燥過程で溶剤が蒸発するのみで、その塗膜は溶剤で再び溶ける。いわゆる、ゾル（Sol；液体）⇄ゲル（Gel；固体）は可能である。すなわち、加熱するとチョコレートと同じように、どろどろの液状になる。塗膜を加熱することと溶剤中に入れることはポリマーの分子間力を弱めることであり、同じ作用である。チョコレートタイプに属する塗料は通常、ラッカーと呼ばれるもので、硝化綿（ニトロセルロース）、アクリルラッカーが典型的な例である。接着剤では自転車タイヤのパンク修理に使うゴムのりがチョコレートタイプである。

（2） クッキータイプ（橋かけ反応タイプ）

クッキータイプの塗料は塗膜形成過程において、塗膜になる主成分が化学変化する。この化学変化を橋かけ反応と呼ぶことから、橋かけタイプの塗料と表現する。乾燥中に塗膜主成分が図（b）に示すように互いに化学結合してゲル化していき、分子量が無限大になる。それゆえ、乾燥後の塗膜は溶剤に浸せきしても溶けない。

クッキータイプの塗料は自動車やスチール家具に用いられる焼付け塗料（溶液形のメラミン樹脂系や粉体のエポキシ、ポリエステル系）と木工家具に用いられる常温乾燥塗料（油性塗料や2液形ポリウレタン樹脂塗料、2液形エポキシ樹脂塗料など）に代表される。接着剤ではA, Bのように、2つのチューブに別々に入っているエポキシ樹脂系接着剤がクッキータイプである。

（3） 分散形塗料と粉体塗料はどのタイプか

図2-3（d）,（e）に示すように、塗膜主成分であるポリマーが粒子状に分散している塗料は、合成樹脂エマルションとNAD（非水分散）形塗料に代表される。図2-4（c）のように乾燥過程でポリマー粒子が融着して塗膜になるのであるが、このとき、単に融着のみで塗膜になるチョコレートタイプと、融着と同時に橋かけ反応が生じるクッキータイプの2種の塗料に分類できる。

同様に、図2-3（g）に示す粉体塗料も加熱溶融過程で分子量が変化しないチョコレ

○溶剤揮発形
○加熱溶融形

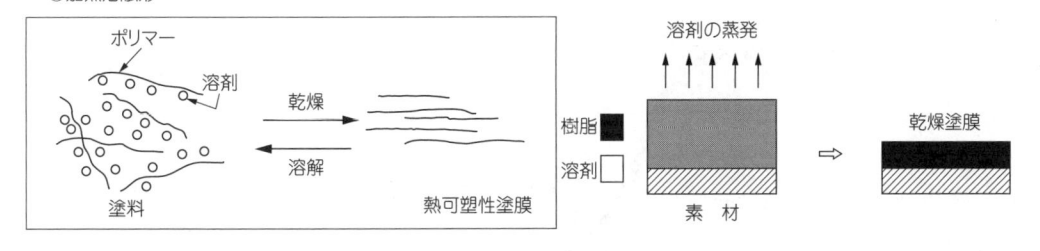

(a) チョコレートタイプ

○常温硬化形(酸化重合・湿気硬化・触媒硬化・2液形など)
○焼付形
○エネルギー線照射形(UV, EB硬化)

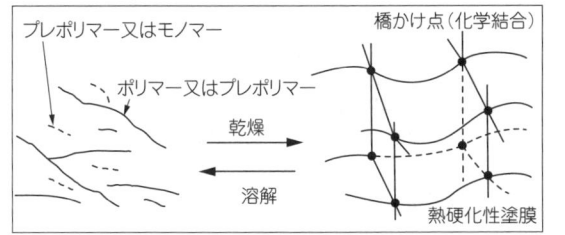

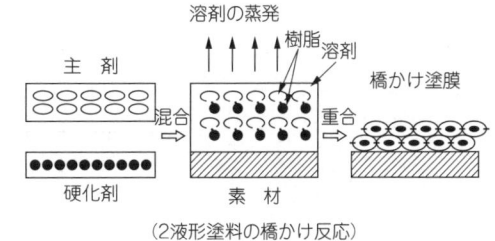

(b) クッキータイプ

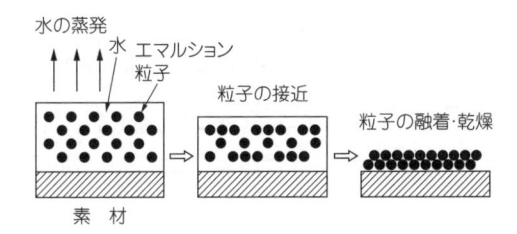

(c) 分散形塗料(チョコレートタイプとクッキータイプの両方がある)

図2-4 塗料から塗膜への変化

ートタイプと橋かけ反応を生じる(分子量が無限大になる)クッキータイプの2種の塗料に分類できる。

以上述べたように,固化した塗膜にはチョコレートタイプとクッキータイプの2種類しかない。高分子化学の分野ではチョコレートタイプは熱可塑性,クッキータイプは熱硬化性と呼んでいる。チョコレートタイプとクッキータイプ,熱可塑性と熱硬化性塗膜の違いは

図2−5に示すように，ヤング率（弾性率で硬さだと理解しよう）の温度依存性にある。

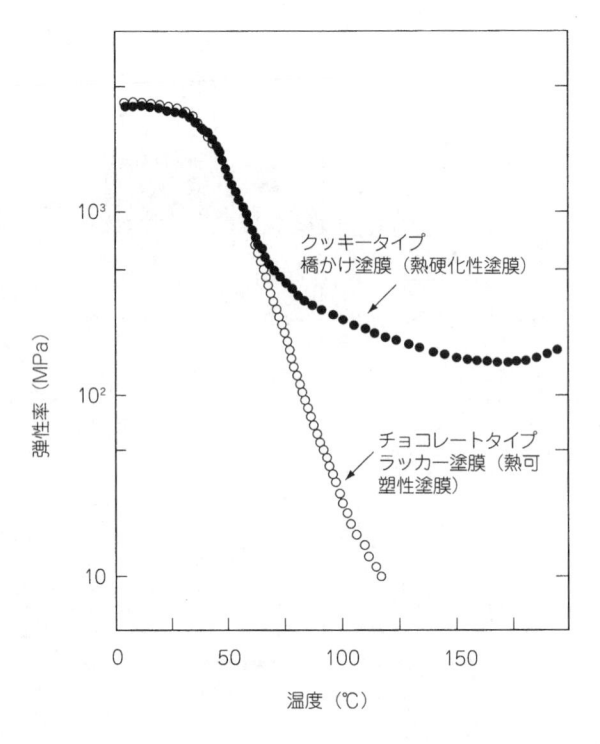

図2−5　チョコレートタイプとクッキータイプ塗膜の硬さ（ヤング率）に及ぼす温度の影響

室温付近の硬さが両塗膜ともほぼ同じであっても，100℃以上に加熱するとチョコレートタイプの塗膜は流動する。クッキータイプの塗膜も加熱すると軟らかくなり，ここまでは両タイプとも差異はないが，100℃以上の高温側の変化が明らかに異なる。クッキータイプは流動せず，反対に150℃以上では温度とともに硬くなる。例えば車のタイヤはクッキータイプの塗膜と同じ仲間であり，走行中に高温になるが，決してチョコのように流動しない。

第2節　塗装材料の見方と使い方

2．1　塗装材料の実用的な見方

木工塗装の目的は，美粧，保護，機能の付与であることはいうまでもないが，塗装された製品はそれぞれの環境で要求性能を満たさなければならない。そのために必要なことは，塗料の選択とこれらの塗料の下塗り，中塗り，上塗りとしてどのように組み合わせるか，すなわち塗装系をいかに設計するかである。これまでに学んだ塗料形態及びチョコレート

タイプとクッキータイプの知識を基礎にして，木工用塗料のアウトラインを実用的な観点からまとめる。

(1) 塗装仕上げに必要な材料

木工製品の塗装仕上げに必要な材料について塗料を中心にまとめると，表2－2のようになる。

成分に関することは後節で説明することにして，ここではおおまかにどんな材料が必要なのかを理解する。金属やプラスチックのような他の被塗物と木材が大きく異なる点は，生物細胞から構成されていることと独特の表面（木理）を有することである。繊維部分と道管部からなる木理をより美しく見せるクリヤ仕上げでは着色剤が重要な役割を演じる。同様に，道管部をより際立たせるために必要な目止め剤も木工塗装に特有な材料である。一般に着色剤をステイン，目止め剤をウッドフィラーと呼んでいる。

表2－2　木工製品の塗装仕上げに用いる材料の一般名称とおおまかな成分

仕上げ	分類	塗料	特徴成分	備考
クリヤ仕上げ	目止め	ウッドフィラー	体質顔料，フタル酸樹脂	
	着色	各種ステイン	染料（顔料）	
	下塗り	ウッドシーラー	顔料を含まない下塗り（顔料を少量含むこともある）	①素材に浸透して表面層を強化する。②やにを押さえる。③着色剤の動きを押さえる。
	中塗り	サンディングシーラー	研磨助剤配合の中塗り	①ステアリン酸亜鉛・タルクなど配合 ②研磨助剤配合が多いと，上塗りとの層間付着性・耐水性が劣る。
	上塗り	クリヤ	顔料を含まない上塗り	
		フラットクリヤ	つや消し剤配合の上塗り	
エナメル	目止め	ウッドフィラー，パテ	体質顔料	パテ，プライマー，サーフェーサー，エナメルいずれも不透明塗料。
	下塗り	プライマー	顔料を配合した下塗り	
	中塗り	サーフェーサー	体質顔料配合の中塗り	
	上塗り	エナメル	着色顔料の上塗り	

下塗り，中塗り，上塗り塗料の名称にも留意する。クリヤ仕上げに用いる各塗料はそれぞれウッドシーラー，サンディングシーラー，つやありクリヤ，フラットクリヤ（つや消しの程度で一般に30・50・70％フラットと呼ぶ）と呼ばれている。

一方，木目を隠ぺいするエナメル，メタリック仕上げに用いる下塗り，中塗り塗料はそれぞれプライマー，サーフェーサーと呼ばれる。両者とも顔料を配合した不透明塗料であり，下塗り，中塗り工程に用いる透明塗料では表2－2に示すように呼び方が異なる。た

だし，エナメル仕上げにおいても下塗りには透明塗料であるウッドシーラーを用いることが一般的である。

(2) 木工用塗料の性能比較

実用的な木工用塗料の性能を比較すると，表2－3のようになる。各塗料の特徴を生かして塗料を選択するのが上手な使い方である。異種塗料を塗装系として選択することにより，それぞれの塗料が有する長所短所を互いにカバーし合う効果を発揮することがある。2液形ポリウレタン樹脂塗料は肉持ち感と耐久性に優れ，ラッカー系塗料は速乾性で，磨き仕上げ性が抜群である。そこで，この2種類の塗料を用いて，2液形ポリウレタン樹脂塗料を下塗りと中塗りに，ラッカー系塗料を上塗りに使用すると，仕上がり外観，経時変化の安全性，作業性の点で，同種塗料の塗装系（組み合わせ）よりも優れた性能が得られる。この方式はすでに実用化されており，家具工場塗装の工程例を表2－4に示す。

表2－3 木工用塗料の性能比較

性能＼塗料名	乾燥性	肉持性	耐久性	耐屈曲性	耐候性	硬度	付着性	耐水性	耐溶剤性	耐熱性	光沢	耐酸性	耐アルカリ性	耐黄変性	耐アルコール性	価格	主な用途
セラックニス	◎	×	△	△	×	△	○	×	△	×	△	×	×	×	×	△	やに止め・オイルステインの色押え
漆	×	○	○	△	△	○	○	○	◎	○	◎	○	○	△	◎	×	工芸品・漆器
カシュー樹脂塗料	△	○	○	△	△	○	○	○	○	○	○	○	○	△	○	△	工芸品・漆器・ふすま縁
ラッカーエナメル（注3）	◎	×	△	△	×	△	○	△	×	×	○	×	△	△	×	◎	家具・建物内部
アクリルラッカー	◎	×	△	△	△	△	○	△	×	△	○	△	△	○	△	○	家具・合板
オイルフィニッシュ	×	×	○	◎	△	△	○	△	○	△	×	△	△	○	△	○	家具・高級床材
油性ワニス（スパーワニス）	×	○	○	◎	○	△	○	○	△	○	○	△	△	△	△	○	建物内・外部
油性調合ペイント	×	○	○	○	○	△	○	○	△	○	○	△	△	△	△	○	建物外部
合成樹脂調合ペイント	△	○	○	○	○	△	○	○	△	○	○	△	△	△	△	○	建物内・外部
フタル酸樹脂塗料	△	○	○	○	○	△	○	○	△	○	○	△	△	△	△	○	建物内・外部
酸硬化形アミノアルキド樹脂塗料（注1）	○	○	○	△	△	○	○	◎	○	○	○	○	○	○	○	◎	床・家具・安物小物
不飽和ポリエステル樹脂塗料（注2）	△	◎	○	×	△	◎	△	◎	○	○	◎	△	△	○	△	△	床・家具・自動車部品
UV硬化形塗料	◎	○	○	△	△	◎	△	◎	△	×	◎	△	△	○	△	△	床材・住宅部材
2液形ポリウレタン樹脂塗料（注3）	○	○	◎	○	△	○	○	◎	○	○	○	○	○	○	○	△	床・家具・建物内部
湿気硬化形ポリウレタン樹脂塗料（注3）	△	○	◎	○	△	○	○	◎	○	○	○	○	○	○	○	△	床・建物内部
油変性ポリウレタン樹脂塗料（注3）	△	○	○	○	○	△	○	○	△	○	○	△	△	×	△	○	建物内・外部
木材保護着色剤	×	×	○	○	◎	×	○	△	×	△	×	△	△	×	○	○	建物外部
水性塗料	×	×	△	○	○	×	○	△	×	△	△	△	△	×	×	○	建物内部

◎：優 ○：良 △：可 ×：不可（価格は，◎安い→×高いの相対比較）

(注) 日本での環境問題の影響から，
1) ホルマリンが発生するため，使用量が急速に減少している。
2) スチレンモノマーを含むためスチレンフリータイプが使われ始めている。
3) トルエン，キシレンを含まない物が使われ始めている。住宅関連ではトルエン，キシレンフリーが主流になっている。

「塗料と塗装　基礎知識」(2004) 日本塗料工業会

表2-4 実用化されている家具工場塗装の一例

	工 程	塗料及び材料	処 理
1	素地研磨	サンドペーパーP150～P220	機械研磨
2	着色（目止め）	NGRステイン＋（目止め剤）＋シンナー	手吹スプレーき
3	下塗り	2液形ポリウレタン，サンディングシーラー	手吹きスプレー又は自動スプレー
4	けばとり	サンドペーパーP220	軽く研磨
5	中塗り	2液形ポリウレタン，サンディングシーラー	手吹きスプレー又は自動スプレー
6	研磨	サンドペーパーP320～P400	機械又は手研磨
7	補色	ラッカークリヤ又は2液形ポリウレタンクリヤ＋NGRステイン	手吹きスプレー
8	上塗り	ラッカーつや消しクリヤ又は2液形ポリウレタンつや消しクリヤ	手吹きスプレー又は自動スプレー

　それぞれの特徴を生かした塗装系の考案と実践は木製品の塗装設計をする上で重要であるが，やってはいけない組み合わせもあるので注意を要する。例えば，反応性モノマーを用いる不飽和ポリエステル樹脂塗料やUV（紫外線）硬化塗料をやに分の多い木材に直接塗装すると（下塗りに使用する）硬化不良を起こすことがある。下塗りには2液形ポリウレタンシーラーを数回塗装するか，専用のやに止めシーラー（厚膜でち密に橋かけをするクッキータイプの2液形ポリウレタンシーラー）を塗装して，やに分をシールしてからでないとこれらの塗料を使用してはならない。異種塗料の組み合わせで注意する点については，第1章表1-6及び表1-7にまとめたので参照すること。

(3) **木工製品の基本塗装工程とその目的**

　被塗物の種類にかかわらず通常の塗装は図2-6に示す塗装工程が施される。塗装の仕上げ方における木工塗装の特徴は次の2つに要約される。

① 木目を生かすためにクリヤ仕上げが圧倒的に多い。
② 下塗りに到達するまでに多くの工程を必要とする。主な工程は，漂白，着色，目止めであり，いずれも木質感の表現方法に関係する。

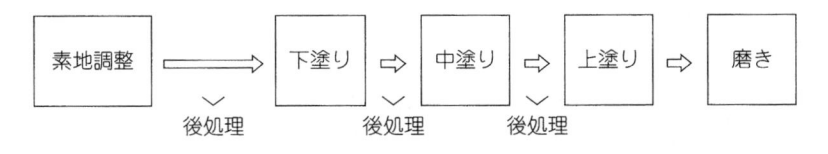

素地調整 ⇒ 下塗り ⇒ 中塗り ⇒ 上塗り ⇒ 磨き
　　　　　 ∨　　　　 ∨　　　 ∨
　　　　 後処理　　 後処理　 後処理

図2-6 塗装の基本工程

木工塗装の標準的な塗装工程は表2－5で示され，口絵4．のように仕上げることができる。この工程に準じて塗装した手板（ナラ合板）を口絵5．(a) に示す。作業性とコスト面から実際には口絵5．(b) に示すような工程で仕上げられる。両者の違いはどこにあるかを工程から見てみる。下塗りから上塗りまでは同じであるが，着色工程が異なる。(a) には素地着色として染料着色（NGRステイン）と目止め着色が行われているが，(b) では目止め着色のみである。(a)，(b) とも目止め着色には溶剤系のウッドフィラー（目止め剤）に顔料系ステインを混合したものを使用し，道管に擦り込み，ふき上げて仕上げる。このふきあげる過程で (a) ではぼかしを入れ（ふき取りに強弱を付ける），深み感を出すことができる。

　染料着色がないため (b) ではこのぼかし作業はうまくいかないので，均一にふき上げて作業時間を短縮している。染料着色を採用しないことで製品の歩留まりも向上し，着色作業も短縮できるので塗装経費の節約には有効である。ただし，高級感をかもし出すには至らない。写真からではわかりにくいが，(a) のように染料着色とワイピング（ふき取り作業）を行うことにより濃い深みのある着色効果を得ることができる。

　着色方法の違いによる木質感の表現効果を道管の小さいカバ合板について行った。口絵5．の (c)，(d) には木質感を強調させる着色と緩和させる両者の着色方法を示す。(c) の木質感強調表現をするには，透明性の高い染料着色と目止め剤のワイピングが有効かと思われるが，実際はそうではない。道管が小さいから目止め剤を必要としない。まず，顔料系アルコールステインで素地着色を行ってからワイピングで濃淡をつける。次に，ウレタンウッドシーラーに顔料系ステインを混合したシーラー（シーラーステインと呼ぶ）で

表2－5　基本塗装工程と各工程の目的

順序	塗装工程	主な目的
1	素地調整	塗装前の木材表面の検査と前処理，素地研磨による平たん面の確保
2	素地着色	素地色の補強，木目の強調，辺材・心材部の均一化などの美観の向上
3	色押さえ	染料の上塗り塗料へのにじみ出し（ブリード）防止
4	目止め	素地面道管の充てんによる平滑化と木目強調
5	下塗り	素地の強化，塗膜物性の向上
6	中塗り	平滑性，肉持ち感の向上
7	研磨	塗膜の平滑化
8	補色	着色均一化，色彩の深味感，各種模様付け
9	上塗り	塗膜物性保持，平滑性，光沢性

（注）必要に応じて，漂白，塗膜研磨，磨き仕上げ工程を行う。

2回目の着色を行う。このときに吹付けテクニックで濃淡を強調させる。この段階で下塗りが終了したことになるからあとは中塗り，研磨，補色，上塗りで仕上げる。

一方，(d)の木質感緩和表現の着色には，まず顔料系アルコールステインで素地着色し，ウッドシーラーで下塗りする。次に(c)と同様に，シーラーステインで2回目の着色，その後の工程は(c)と同様である。(c)と(d)の違いは2回目の着色をどの段階で入れるかである。(d)のように下塗り後に入れると，素地に浸透する可能性は小さくなり，下塗り塗膜全体を着色することで木質感が緩和される（透明感は(c)の方が高い）ことになる。なお，素地着色にアルコールステインを使用するのは，着色後に塗装されても着色剤のにじみ（ブリード）を防ぐことができるためである。特に，目止め剤をワイピングするときに下にある着色剤（アルコールステイン）が消失しない利点がある。

このように着色方法の違いによって木質感に大きな影響を与えることがわかる。口絵5．(a)～(d)の塗装工程を表2－6に示す。また，着色剤と単独で使用するか，塗料と混

表2－6　口絵5．の塗装工程

手板記号	(a)	(b)	(c)	(d)
工　　程	使 用 材 料	使 用 材 料	使 用 材 料	使 用 材 料
素地研磨	ナラ合板 P240研磨紙	ナラ合板 P240研磨紙	カバ合板 P240研磨紙	カバ合板 P240研磨紙
着色1回目	染料系NGRステイン[*1]	目止め着色[*2]	顔料系アルコールステイン	顔料系アルコールステイン
着色2回目	目止め着色[*2]	なし	シーラーステイン[*3]	ウッドシーラー乾燥後にシーラーステイン[*3]
下　塗　り	ウレタンウッドシーラー	ウレタンウッドシーラー	なし（シーラーステインが代行）	着色1回目の後ウレタンウッドシーラー
中　塗　り	ウレタンサンディングシーラー	ウレタンサンディングシーラー	ウレタンサンディングシーラー	ウレタンサンディングシーラー
研　　磨	P320～P400研磨紙	P320～P400研磨紙	P320～P400研磨紙	P320～P400研磨紙
補　　色	ウレタンフラット＋染料系ステイン	ウレタンフラット＋染料系ステイン	ウレタンフラット＋顔料系溶剤ステイン	ウレタンフラット＋顔料系溶剤ステイン
上　塗　り	ウレタンフラット7部消し	ウレタンフラット7部消し	ウレタンフラット半つや消し	ウレタンフラット半つや消し
得られる木質感	深みがあり，高級感	中級仕上げ，塗装経費の節約	木質感強調仕上げ	木質感緩和仕上げ

(注)　*1　染料系NGRステイン：アルコールステインであるが，けば立ちが少ないもの
　　　*2　目止め着色：溶剤系目止め剤（ウッドフィラー）＋顔料系溶剤ステイン，目止め剤を総称してウッドフィラーと呼ぶ
　　　*3　シーラーステイン：ウッドシーラー＋顔料系溶剤ステイン

長澤良一「第17回木工塗装入門講座」(2005) 講演内容より

合して使用するかで，着色効果が異なることに留意する。シーラーと混合すればシーラーステインであり，上塗りのクリヤと混合すればカラークリヤになり，後者は上塗り前の補色という工程で，全体の色調合わせに使用される。特にサンディングシーラー塗膜の研磨で研ぎ出し気味の所に色味を補うことができる。なお，着色剤については後節にて解説する。また，表2－5に示す標準工程に従う作業図解を第3章の図3－2に示す。

塗装1回塗りで得られる塗膜厚は，せいぜい15〜20μm，道管の深さは約200〜250μm以内である。これを充てんし，鏡面の仕上げを得るには第3章図3－2に示すように多くの工程が必要となる。

2．2　自然系塗料（エコ塗料）と合成樹脂塗料

自然系塗料（エコ塗料）が世間で話題になっている。それは，塗料原料を植物や昆虫から供給でき，廃棄も自然界へ容易となり，地球環境に優しいためである。

エコ塗料の多くは主成分が乾性油であり，乾燥過程でホルムアルデヒドを発生することから室内用途では使えない。塗料性能も合成樹脂塗料に比べて明らかに劣るため，工業塗装ラインでは使用できない状態である。しかしながら，天然資源である木材の改質剤又はコーティング材としての適正は大いにあると期待できる。エコ塗料の中でも漆は合成樹脂塗料よりも優れている点が多く，かぶれや乾燥性，コストなどを改良できれば，理想にかなう塗料となる。

本書では，エコ塗料に対する見識を高めるために，実用化されている合成樹脂塗料と対比しながら成分などの情報を提供する。エコ塗料の概要を表2－7に，特徴の対比を表2－8に，成分比較を表2－9にそれぞれ示す。

表2－7　エコ塗料の概要

エコ塗料	主成分	主溶剤	塗膜状態	塗膜形成タイプ	乾燥時間（h）
オイル	乾燥油	オレンジシラトール，テレビン油，イソパラフィン	浸透	クッキー	16〜24
油ワニス	乾性油・樹脂		造膜	クッキー	12〜72
セラックニス	昆虫分泌樹脂	エタノール	造膜	チョコレート	1〜2
ワックス	植物ろう，動物ろう	オレンジシラトール，テレビン油，イソパラフィン	補強	チョコレート	0.5
オイルワックス	植物油，ろう		浸透，補強	クッキー	16〜24
カゼイン	タンパク質	水	造膜	チョコレート	2〜4

(20℃)

表2－8　エコ塗料と従来塗料の特徴対比

エコ塗料	従来塗料
オイル仕上げ（オイルフィニッシュと同じ） 木の表面に残さない仕上げ エコ塗料の中で最も広く，多く使われている。	**オイルフィニッシュ** 木の表面に残さない仕上げ 木地感を大切にしたい仕上げに時折使われる。
油ワニス（油性ワニスと同じ） 塗膜を形成する仕上げ用として一部に使われている。	**油性ワニス** 乾燥が遅く，塗膜が軟らかく（初期）黄変するのであまり使われない。
セラックニス 塗膜を形成する仕上げ用として速乾性で，黄変性少なく，工場生産性もよい。	**セラックニス（赤ラック・白ラック）** 節止め，やに止め，オイルステインの色押さえにしばしば使われる。
カゼインペイント不透明塗料 クラシックスタイル又は装飾的な塗装仕上げ用に使われている。	**エマルションペイント不透明塗料** 種々の樹脂のエマルションペイントがあり，耐水性，耐候性がよく内装，外装に広く使われている。
柿渋 防腐剤として使用される。塗膜は強くはないが安全性で見直されている。	**該当各種** 使用目的に応じて，各種の樹脂塗料で対応している（木材保護塗料，ポリウレタン樹脂塗料，フタル酸樹脂塗料ほか）。柿渋に比べてそれぞれ強い。
漆 古来より使われてきた最高のエコ塗料。耐水，耐酸，耐アルカリ，耐溶剤，耐熱などに優れ，仕上りは他の塗料では得られない美しさがある。紫外線に弱い。	**カシュー樹脂塗料** 漆の代用として使われることも多い。漆より安く，乾燥に湿気を必要としない。ポリウレタンよりは乾燥が遅い。漆と同じく紫外線に弱い。
該当なし セラニックスで代用できる部分がある。	**ニトロセルロースラッカー** 広く使用されている塗料の1つで，ポリウレタンの20％くらいの数量が使われている。使いやすく，仕上がりの塗装表情がポリウレタンなどより軟らかい。
該当なし 単に水性化や無溶剤化ではエコにならない。	**ポリウレタン樹脂塗料** 最も広く，多量に使われている。木材への付着性がよいほか，様々な物理性能に優れ，丈夫で仕上がりも美しい（2液性，1液性がある）。
該当なし 単に無溶剤化ではエコにならない。	**不飽和ポリエステル樹脂塗料** 一度に厚膜仕上げができる塗料。塗膜は硬く透明性もよい。2液又は3液で使われ，可使時間が短いので工場塗装向き。鏡面仕上げに向く。
該当なし 単に水性化や無溶剤化ではエコにならない。	**UV硬化型樹脂塗料** 紫外線（UV）照射設備又は装置が必要になる。数秒の照射で硬化する。仕上がりの塗装表情は硬い。

鎌田　賢一　作成（2005）

表 2−9　エコ塗料と従来塗料の成分比較

エ コ 塗 料	従 来 塗 料
オイル仕上げ（オイルフィニッシュと同じ） 　植物油類○ 　乾燥剤（重金属類△） 　溶剤（柑橘油○，イソパラフィン△）	**オイルフィニッシュ** 　植物油類○ 　乾燥剤（重金属類×） 　溶剤（ミネラルスピリットなど×）
油ワニス（油性ワニスと同じ） 　植物油類○ 　天然樹脂類 　乾燥剤（重金属類△） 　溶剤（柑橘油○，石油溶剤イソパラフィン△）	**油性ワニス** 　植物油類○ 　合成樹脂類（石油化学樹脂）× 　乾燥剤（重金属類×） 　溶剤（ミネラルスピリットなど×）
セラックニス 　セラック○ 　エタノール（エチルアルコール）○	**セラックニス**（赤ラック・白ラック） 　セラック○ 　メタノール（メチルアルコール）×
カゼインペイント不透明塗料 　ミルクカゼイン○ 　水○ 　顔料（着色顔料，体質顔料）○，△	**エマルションペイント不透明塗料** 　合成樹脂（酢酸ビニル，アクリルなどの樹脂）× 　石油溶剤混合（酢酸エステル類，ケトン類など）× 　顔料（着色顔料，体質顔料）×，○，△
柿渋 　柿渋（青柿の渋を発酵と熟成）○	**該当各種** 　各種の樹脂塗料はそれぞれ樹脂，溶剤，添加剤に従来原料を使用。×，○，△
漆 　漆樹液（採取，精製，加工）○	**カシュー樹脂塗料** 　カシューナッツ（殻から採取，加工）○ 　乾燥剤（重金属類×） 　溶剤（ミネラルスピリットなど×）
該当なし	**ニトロセルロースラッカー** 　合成樹脂（酢酸ビニル，アクリルなどの樹脂）× 　硝化綿○ 　石油溶剤（酢酸エステル類，ケトン類など混合）× 　添加剤（可塑剤ジブチルフタレートなど）×
該当なし 　単に水性化や無溶剤化ではエコにならない。 　現在のエコ塗料では性能的に代用不可	**ポリウレタン樹脂塗料** 　合成樹脂（ポリウレタン樹脂）× 　石油溶剤（酢酸エステル類，ケトン類など混合）× 　顔料（着色顔料，体質顔料）×，○，△
該当なし 　単に無溶剤化ではエコにならない。 　現在のエコ塗料では性能的に代用不可	**不飽和ポリエステル樹脂塗料** 　合成樹脂（不飽和ポリエステル樹脂）× 　石油溶剤（スチレンモノマー，酢酸エステル類など）× 　乾燥剤（重金属類×） 　顔料（着色顔料，体質顔料）×，○，△
該当なし 　単に水性化や無溶剤化ではエコにならない。 　現在のエコ塗料では性能的に代用不可	**UV硬化型樹脂塗料** 　合成樹脂（紫外線硬化樹脂）× 　石油溶剤（重合性モノマーなど）× 　添加剤（光重合開始剤）×

（注）（○：エコ，△：ほぼエコ，×：非エコ）　　　　　　　　　　　　　　　　鎌田　賢一　作成（2005）

2.3 実用塗料

　原料の一部が自然界から供給されるものを広義に解釈して自然系塗料に分類し，どのような名称で市販されているか，また，合成樹脂塗料についても木工用としてどのような塗料が汎用されているかをまとめて，表2－10に示す。この中から，ポリウレタン樹脂塗料，不飽和ポリエステル樹脂塗料及び紫外線（UV）硬化塗料の3つを取り上げ，その概要を説明する。

表2－10　木工用自然系塗料と合成樹脂塗料の概要

分類	名称	種類	乾燥の機構	乾燥時間
自然系塗料	ボイル油	あまに油及びその他の熱加工油	酸化重合 空気中の酸素により酸化重合し，硬化する。	16～24時間
	油性塗料	油性調合ペイント		
	油性ワニス	ゴールドサイズ，コーパルワニス，スパーワニス		
	セラックニス	セラックニス，白（漂白）ラックニス	溶剤蒸発	30分
	速乾ニス	軟質コパルとロジンが原料		
	漆	生漆，精製漆（無油漆，有油漆），色漆	酵素反応	10～24時間
	カシュー	下地塗料，カシューエナメル，透カシュークリヤ	酸化重合	16～24時間
合成樹脂塗料	フタル酸樹脂塗料	常乾フタル酸樹脂塗料，合成樹脂調合ペイント	酸化重合	16～24時間
	硝化綿樹脂塗料（ニトロセルロースラッカー）	クリヤラッカー，ラッカーエナメル，ハイソリッドラッカー，ホットラッカー，特殊ラッカー，下地塗料	溶剤蒸発	1～2時間
	ポリウレタン樹脂塗料	油変性ポリウレタン樹脂塗料，湿気硬化形ポリウレタン樹脂塗料，ポリオール硬化形ポリウレタン樹脂塗料（2液形ポリウレタン樹脂塗料）	酸化重合—油変性ポリウレタン 湿気乾燥—湿気硬化形ウレタン 重合乾燥—2液形ポリウレタン	16～24時間 3～5時間 2～5時間
	不飽和ポリエステル樹脂塗料	パテ，サンディングシーラー，サーフェーサー	重合乾燥 （ラジカル重合）	1～2時間 ポットライフ 15～30分
	アクリル樹脂塗料	アクリルラッカー	溶剤蒸発	1～2時間
	UV硬化塗料	中塗り，上塗り，ハードコート	重合乾燥	2～3秒
	アミノアルキド樹脂塗料	酸硬化形アミノアルキド樹脂塗料（シックハウスの発生源として現在は使われていない）	重合乾燥	3～5時間

(1) ポリウレタン樹脂塗料

ウレタン結合による製品で，私たちの身近にあるものには，住宅の外壁，冷凍車両で発泡させたポリウレタン樹脂による断熱材，フリーサイズの下着，スポーツウエアなどには，スパンディックスと呼ばれる伸縮の大きいウレタン繊維，また靴底，合成皮革などその用途は広い。塗料についても同様であり，ウレタン結合のある塗膜は弾性に富み，耐摩耗性，耐候性，耐薬品性が良好なことから，あらゆる素材類の塗装用としてめざましく，需要が伸びている。

木工用のポリウレタン樹脂塗料の種類を図2－7に示す。図中のポリオールとは，水酸基のある中高分子量体である（ウレタン結合は，水酸基とイソシアネート基の反応による。）。

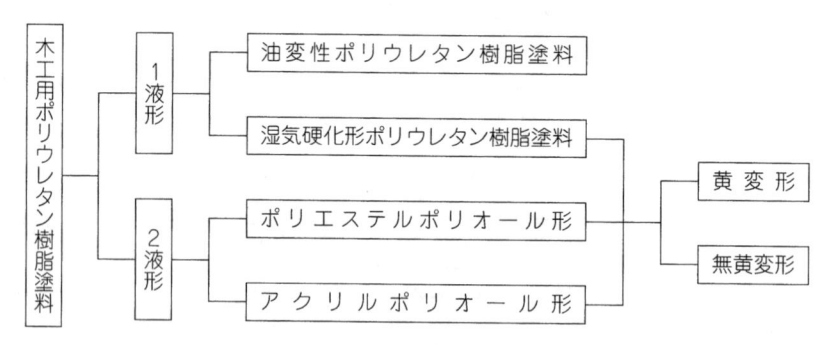

```
                  ┌ 1液形 ┬ 油変性ポリウレタン樹脂塗料
木工用ポリウレタン │      └ 湿気硬化形ポリウレタン樹脂塗料 ┐ 黄変形
樹脂塗料          │                                          ├
                  └ 2液形 ┬ ポリエステルポリオール形       ┘ 無黄変形
                          └ アクリルポリオール形
```

図2－7　木工用ポリウレタン樹脂塗料の種類

a．油変性ポリウレタン樹脂塗料

樹脂骨核（ビヒクルポリマー中）にウレタン結合を持っている油変性アルキド樹脂に類似した構造（エステル結合の一部がウレタン結合に変わった）であり，別名ウレタン化油ともいう。1液形で油性塗料と同様に空気中の酸素により重合（分子がつなぎあって大きくなる）し，クッキータイプの塗膜になる。反応が遅いから可使時間の心配はない。塗膜性能は，他のポリウレタン樹脂塗料に比べると劣るが，作業性（肉持ち性，平坦性，乾燥性），付着性，耐摩耗性に優れている。しかし耐光性に欠け，塗装直後には微黄色であるが経時により油が焼けて黄変する。塗装は，ほぼ油性塗料と同様に行い，希釈には塗料用シンナーを使用する。用途は，建築関係の木部の屋内外，特に床用の塗装に適する。現場塗装での使用例を表2－11に示す。また透明塗料でも淡い茶褐色であり，ぬれ色が強いので塗布後ふき取り，オイルフィニッシュ風の仕上がりが期待される。なお，この塗料で汚れたウエスを放熱の悪い状態に放置すると自然発火のおそれがあるので，水を張った容器に入れるなどの注意を怠ってはならない。

表2−11 屋内木部（ドア，床，壁など）の現場塗装の一例

	工　程	塗料及び材料	処　理	乾燥時間（h）
1	素地研磨	サンドペーパーP80〜P150	当て木を使って木目方向へ研磨	—
2	着色（目止め）	オイルステイン，水性ステイン又はNGRステイン＋（目止め剤）＋シンナー	はけ塗り後，布でふき取り	常温1〜2
3	下塗り	1液形ポリウレタンワニス又は水性ニス	はけ塗り	常温5〜6
4	空研ぎ	サンドペーパーP220	当て木を使って木目方向へ研磨	—
5	上塗り	1液形ポリウレタンワニス又は水性ニス	はけ塗り	常温1晩以上

（注）仕上がりがよくなければ，工程4〜5を何回か繰り返す。

「塗料と塗装　基礎知識」(2004) 日本塗料工業会

b．湿気硬化形ポリウレタン樹脂塗料

　樹脂骨核中に反応基（イソシアネート基）が存在し，空気中の湿気と反応硬化しクッキータイプの塗膜となる1液形塗料である。したがって湿度が高くなるほど乾燥は速くなるが，あまりにも高湿だと塗膜が白化（ブラッシング）する。1液形の塗料であるが，2液形のポリウレタン樹脂塗料の硬化剤（イソシアネート基を含む）と同様に湿気の作用により貯蔵性が悪くなるので開缶後は確実に密閉しておく。また使用した塗料をもとに戻すと固まってしまう（ゲル化という）。耐摩耗性が極めて優れているので，床用に最適である。

c．2液形ポリウレタン樹脂塗料

　この塗料は，2液性であり，常温乾燥でも優れた塗膜物性のあるクッキータイプの塗膜となる。

　配合の自由度が広く多様なニーズに対応でき，木工用塗料で最も多く使用され，一般にポリウレタン樹脂塗料といえば，この2液形をいう。図2−8に示す成分からなり，各種性能を有する塗料が市販されているので，基本的に覚えておくとよい。木工用のポリオールには，ポリエステル，アルキド，アクリルの種類があり，この中でポリエステル，ポリオールは下塗りとして，木材中に含まれるやに分を押え，不飽和ポリエステル，紫外線硬化形樹脂塗料の乾燥阻害を防止する。

　ラッカーサンディングシーラーは，研削性を強調する塗膜であるため，もろい傾向があり，厚膜（10μm以上）に残すと割れの原因となる。

　アルキドポリオールが主に使用される中塗りサンディングシーラーは，強じんな塗膜であり，この欠点を生じにくいのに加えて，クッキータイプであるので上塗りの吸込みも少なくきれいな仕上がりを与える。また下塗りとして使用することにより，化粧合板の表皮に使用される突き板に経時に生じがちな木目割れを防止し，また目やせも少ない。

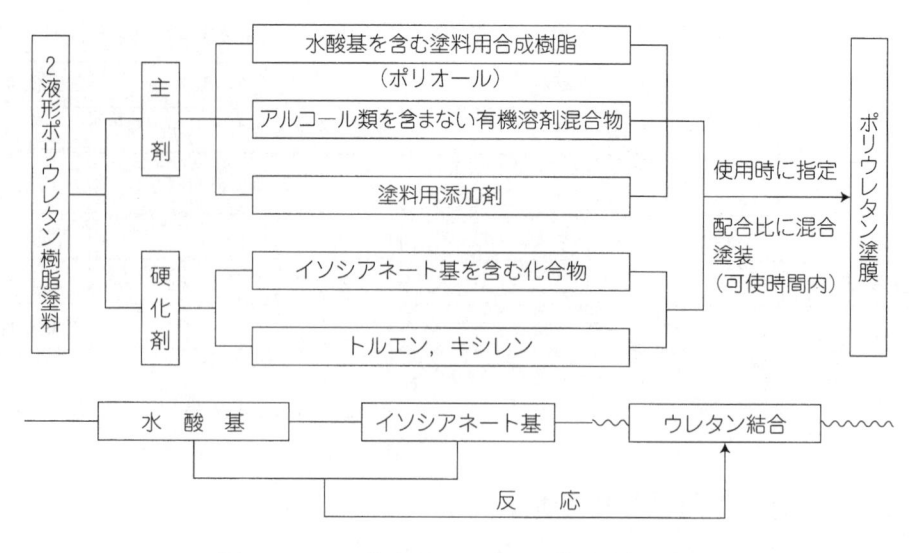

図2-8 2液形ポリウレタン樹脂塗料の構成

　アクリルポリオールは耐黄変性に優れる。一方，硬化剤には，経時的に黄変するものとしないものがあり，前者は安価であるが耐候性に劣り，後者は優れる。

　2液形ポリウレタン樹脂塗料は，優れた耐久性から，一般家具，建具，キッチン周り，内装家具に広く使用されている。シンナーは，専用シンナーを使用し，アルコール類を含むラッカーシンナーなどは決して使用してはならない。

　まとめると，肉持ち性，耐久性の優れた2液形ポリウレタン樹脂塗料の下塗り及び中塗りを使用し，上塗りには研磨性の極めてよいラッカー系による塗装，いわゆるリーチングアウト効果を発揮した仕上げ方法が広く普及している。なお硬化剤は，湿気硬化形塗料と同様な取扱いが必要である。

（2）不飽和ポリエステル樹脂塗料

　不飽和ポリエステル樹脂塗料の硬化前後の概念を図2-9に示す。その樹脂骨核内にエステル及び反応性の不飽和結合（反応が満たされず，機会があれば常にほかの化合物と反応結合しようとする手）を持つ塗料用合成樹脂を，同じく不飽和結合を含む溶剤（一般には，スチレンモノマー）に溶解した溶液状態にある。使用時に硬化剤（過酸化物）と促進剤（コバルト石けん）が配合されると不飽和結合部が活性化して，互いに手を結び合って急速に橋かけ結合をつくり硬化する。反応性希釈剤であるスチレンモノマーも塗膜の構成成分になるので，塗られた塗料のほぼ100％が塗膜となり，塗装効率が極めてよい。また目やせも少ない。しかし，この樹脂は，硬化反応中に塗膜の表面が空気中の酸素の作用を受けて硬化障害を起こし粘着性を帯びる。これを防ぐために塗装中に微量のパラフィンを

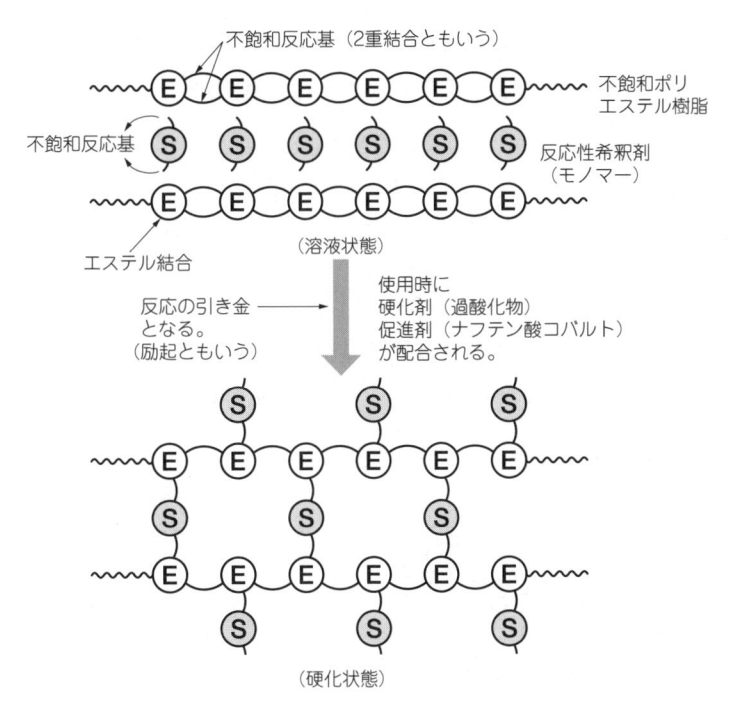

図2−9　不飽和ポリエステル樹脂の溶液と硬化状態

添加しておくと，硬化過程中に相容性[*1]を次第に失い，表面に浮き上がって空気を遮断する。このワックス形不飽和ポリエステル樹脂塗料が木工用として主に用いられている。また，木材中にやに分を多く含むローズウッド，ウォールナット，黒柿などは，硬化反応を阻害して木目部分に銀目[*2]などの欠陥を生じるので，あらかじめ下塗りとして2液形ポリウレタン樹脂塗料のやに止めシーラーを塗布する。塗装後の塗膜表面は，ワックス層により半つや状態にあるので研削後，コンパウンド及びワックス研磨で，美麗な鏡面仕上げにすることができる。

　この塗料に使用時，硬化剤と促進剤を加えると発熱を伴う反応が急激に起こり10～20分間程度でゲル化する。このように可使時間が極めて短かいので注意を要する。実用的な大量生産の塗装作業性から硬化剤及び促進剤のみを配合した塗料液をつくり，2液用ガンを使用しスプレー塗りするか，又は2ヘッド方式のカーテンフローコーターで，両液を塗り重ねその界面から連鎖反応により硬化塗膜をつくるリアクションプライマー方式が行われている。塗膜は，硬度が高く肉持ちがよく，透明性，光沢に優れ，ピアノなどの楽器，家具などのミラースムーズ仕上げに適する。

*1　相容性：食用油は石油と混ざるが水とは混ざりあわない。すなわち似たもの同士はよく混ざり合うことをいい，「相容性がよい」という。
*2　銀　目：その部分が乾燥不良のため塗膜との間に空洞ができて光って見える現象のこと。

なお，これらを下塗りとして使用し，ラッカーなどで仕上げる前述のポリウレタン樹脂塗料との併用塗装も行われている。注意することは，硬化剤と促進剤を直接混合すると爆発又は発火するので，絶対に避けなくてはならない。

2．4　UV（紫外線）硬化塗料

UV硬化線塗料は，図2－10に示すように照射される波長0.01～0.4μmにより，樹脂の反応が励起され重合して硬化する。その反応機構は不飽和ポリエステル樹脂のそれに類似し，樹脂とモノマーが有する不飽和基同士のラジカル反応による橋かけ結合の生成による。UV硬化塗料の構成成分を図2－11に示す。

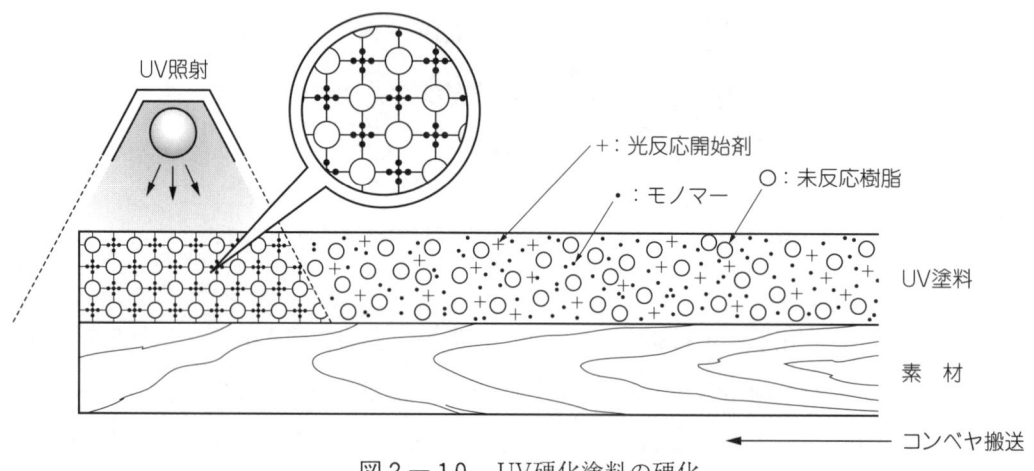

図2－10　UV硬化塗料の硬化

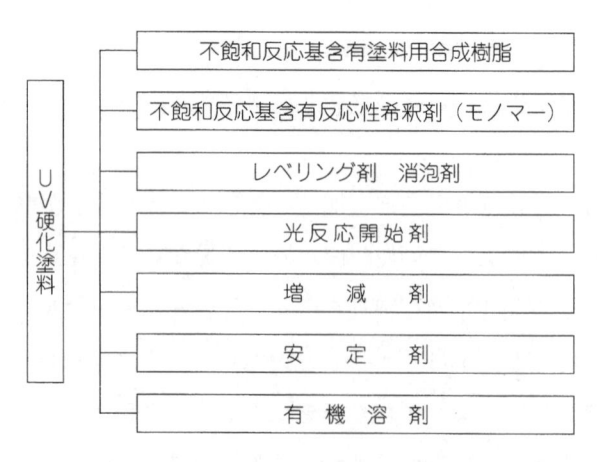

図2－11　UV硬化塗料の構成成分

長所として，
① 短時間（秒単位）で十分に硬化した塗膜が得られ生産性が向上する。
② 塗装ラインのスペースが少なくてすむ。

③ UVを照射すればよく，高温に過熱できない木材に適する。
④ 配合の自由度が高く軟質から硬質に至るまで広くニーズに応じられるが，特にハードコート剤は鉛筆硬度が5H～7Hの高水準のものが得られる。また，耐擦り傷性に強く，スチールウールの磨耗にも耐える。

などが挙げられる。

一方短所として，
① 照射の陰の部分が未硬化となるので，形状の複雑なものでは適用できない。
② 硬化が迅速であり，塗膜の収縮が大きいので付着を阻害する。
③ 顔料を含むと硬化しにくい。
④ 反応性希釈剤（モノマー）に毒性がある。
⑤ 硬化装置からオゾンが発生する。
⑥ 設備投資が大きい。

などが挙げられる。

木工製品として，特に擦り傷の発生を嫌う学習机，食卓テーブル，床材などに多用化されている。

なお，不飽和ポリエステル樹脂と同様に木材中に含まれるやに分は硬化阻害の原因となるので，これを防ぎ，さらに付着性向上のため2液形ポリウレタンシーラーが下塗りとして使用されることが多い。

上塗りは，つやありからつや消しのUV塗料が用いられる。

UV塗装ラインの一例として，床材の塗装工程を表2-12に示す。第4章の図4-47も参考にすること。

表2-12 床材のUV塗装ラインの一例

	工程	塗料及び材料	処理	乾燥時間
1	素地研磨	サンドペーパーP150	機械研磨	―
2	着色（目止め）	NGRステイン＋（目止め剤）＋シンナー	スポンジ，ロールコーター	80℃/30
3	下塗り	2液形ポリウレタンシーラー	ロールコーター	80℃/30
4	中塗り―1	UV硬化形サンディングシーラー	ロールコーター	UV硬化2～3S
5	研磨	サンドペーパーP220	機械研磨	―
6	中塗り―2	UV硬化形サンディングシーラー＋着色剤	ロールコーター	UV硬化2～3S
7	研磨	サンドペーパーP320	機械研磨	―
8	上塗り	UV硬化形つや消しクリヤ	ロールコーター	UV硬化2～3S

「塗料と塗装　基礎知識」(2004) 日本塗料工業会

第3節　着色材料

　木材は，その表面が平坦でなく不均一性であり，しかも木製品の商品価値を塗装によって高めるために，他の工業材料への塗装とは大きく異なる。本節では，木工塗装に特有な着色材料について解説する。

3．1　着色剤

　木材は，材色に色むらがあったり，心材（白太）や辺材（赤太）の色の差があったりする。その素材の持つ色をいっそう強調して商品価値を高め均一化するために着色する場合が多い。

（1）　着色剤の条件

　よい着色を行うためには，次の諸条件にかなった着色剤が望ましい。

①　耐光性に優れていること。
②　表面だけでなく，木材の内部まで着色できる浸透性のあること。
③　着色むらができず，一様に着色できること。
④　着色することによって，木理がいっそう美しく見え，材色が生きること。
⑤　作業性のよいこと。
⑥　塗料の乾燥を遅らせたり，にじみ，変色などの化学変化を生じさせないこと。

（2）　着色剤の種類

　木工用着色剤は，使用される色剤（染料，顔料，薬品）や，溶媒によっていろいろな種類があり，図2－12に分類する。

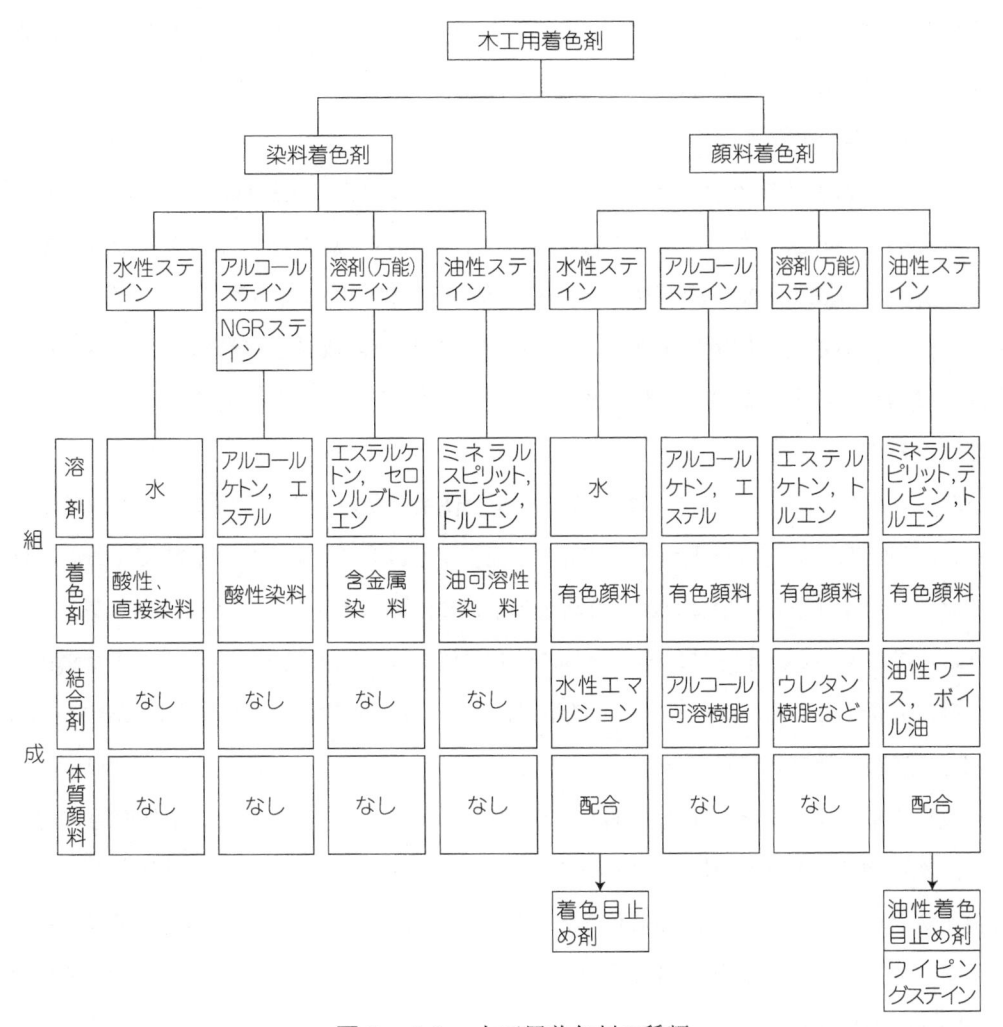

図2-12 木工用着色剤の種類

組成	染料着色剤				顔料着色剤			
	水性ステイン	アルコールステイン NGRステイン	溶剤(万能)ステイン	油性ステイン	水性ステイン	アルコールステイン	溶剤(万能)ステイン	油性ステイン
溶剤	水	アルコール,ケトン,エステル	エステル,ケトン,セロソルブ,トルエン	ミネラルスピリット,テレビン,トルエン	水	アルコール,ケトン,エステル	エステル,ケトン,トルエン	ミネラルスピリット,テレビン,トルエン
着色剤	酸性、直接染料	酸性染料	含金属染料	油可溶性染料	有色顔料	有色顔料	有色顔料	有色顔料
結合剤	なし	なし	なし	なし	水性エマルション	アルコール可溶樹脂	ウレタン樹脂など	油性ワニス,ボイル油
体質顔料	なし	なし	なし	なし	配合	なし	なし	配合

（水性顔料着色剤から）→ 着色目止め剤
（油性顔料着色剤から）→ 油性着色目止め剤／ワイピングステイン

3.1.1 染料系着色剤

(1) 水性ステイン

　水性ステインは素地着色に用いる。溶媒が水なので，素地を膨潤させたり，けば立ちを生じさせ，乾燥に時間がかかるなどの欠点はあるが，エステル類の有機溶剤系塗料を塗布してもブリードを生じにくい。けば立ちの防止にはあらかじめウォッシュコート研磨などの処理をする。着色濃度は60～80℃の温水1ℓに染料10～15gを完全に溶かして使用する。複数の染料を混合する場合，直接染料と酸性染料との混合はできるが，塩基性染料に直接染料又は酸性染料を混合すると分離してもとの染料より溶けにくくなる。調色に当たっては，あらかじめ赤，黄，だいだい，黒などの基本色の水溶液を準備しておき，適宜希釈したり混合して調色した方が目的の色が出しやすい。木材組織の粗密，素地の荒さ，塗り方

で着色むらが生じることもあるが，メタノールを10～15％程度加えると着色剤の拡散がよくなりむらが生じにくくなる。

（2） アルコールステイン

アルコールに可溶な染料をメタノールに溶解したもので，浸透性がよく，乾燥が速く，発色が鮮明である。しかし，素地をけば立たせ，浸透，乾燥が速いため着色むらが生じやすく，耐光性も悪く，多少のブリードも生じる。着色は，はけで行うとむらを生じるので，ノズル口径の小さい（1.0mm前後）スプレーガンで行う。浸透性にむらを生じる素地の場合は，塗出量を絞り，数回に分けて着色する。漂白セラックニスに混合して塗膜着色として使用することもできる。

なお，アルコールステインの中にメタノールを使用しないNGRステインといわれるものもある。NGRとはNon Grain Raisingの略で，繊維がけば立たないという意味である。水性ステインよりもけば立ちは少ないが，溶剤ステインや油性ステインよりもけば立ちが多い。見かけの乾燥は速いが，十分に乾燥させるには常温で5～6時間程度はかかる。また硝化綿樹脂塗料に混合することができるが，油性塗料，ポリウレタン樹脂塗料などとは混合できない。

（3） 溶剤（万能）ステイン

一般に万能ステインといわれており，溶剤にアルコールを含まない。素地着色に用いる場合，次に塗る塗料の溶剤でブリードを生じやすい。ブリード防止には色押えシーラーを塗装するとよい。塗膜着色用の着色剤として硝化綿樹脂塗料，酸硬化形アミノアルキド樹脂塗料，ポリウレタン樹脂塗料に混合して用いる。

（4） 油性ステイン

オイルステインとも呼ばれている。ミネラルスピリット，テレビンなどの石油系溶剤に染料を溶かしたものに，ゴールドサイズ，ボイル油などが入っているものをいう。けばを起こさずに素地を固め，浸透性もよく，上塗り塗料の吸収も少ない。反面，色あせや有機溶剤系塗料によるブリードが起こりやすい。着色はスプレー，はけで行い，塗布後は素地に十分浸透させて余分なものはウエスでふき取る。乾燥が遅く十分に乾燥してから塗料を塗布しないと，付着障害を生じることがある。

3．1．2　顔料系着色剤

顔料系着色剤は，有色顔料が粒子の状態で分散しているので，染料系着色剤に比べて一般に素地への浸透性が悪く透明性も低いので，木理がやや不鮮明となる。しかし着色むらが生じにくく，耐候性に優れている。

3.1.3 薬品着色

薬品着色は，酸，アルカリ，その他の薬品を素地に塗り，化学反応により渋み，深みのある落着いた色調が得られる方法ではあるが，作業が複雑であり，また廃液の処理に問題があり，使用が限られている。

木工用着色剤の種類は多い。表2－13に染料ステインと顔料ステインの特性比較，表2－14に各種ステインの使い方をまとめて示す。

表2－13　染料ステインと顔料ステインの特性比較

特性	着色剤	染料ステイン	顔料ステイン
	組　成	染料，溶剤 油（油性のみ）	顔料，樹脂，溶剤 油（油性のみ）
	溶液状態	溶解（分子状態）している	分散（粒子状態）している
主に素地着色評価	着色状態	木材繊維にしみ込み染着	木材繊維に絡み固着
	木材への浸透性	○　優れている	△　やや劣る
	着色力	○　大きい	△　やや小さい
	道管部の着色	△　やや劣る	○　適している
	軟質木材適正	△　やや不適	○　適している
塗膜着色評価	鮮明性	○　優れている	△　やや劣る
	透明性	○　優れている	△　やや劣る
	隠ぺい性	×　小さい	△　やや大きい
	耐候性	×～△　やや劣る	○　優れている
参考	一般着色仕上げ	○　適している	○　適している
	パステル仕上げ	×　適していない	○　適している
	家具用着色	○　適している（素地・塗膜）	○　適している（主に素地）
	建築用着色	×～△　あまり適さない	○　適している

木材着色のねらいと着色工程との関係
1. 色を付ける。
    着色することで明るさ，温かさ，渋さ，落ち着きなどを表現する。着色塗装仕上げの目標を決める。
2. 木の美しさを向上させる。
    天然木の木理・模様，素地美感を出す。捨て着色，素地着色
3. 木目を強調し，めりはりを付ける。
    化粧でいえば口紅，ほお紅，アイシャドウの効果。目止め着色，目出し着色
4. 色の深み，立体感を出す。
    素地の深み，色の深み，仕上がりの深み・奥行きを出す。
    捨て着色と素地着色，目止め着色と塗膜着色など2～3段の組み合わせ
5. 色の美しさを平均化する。
    着色むらや突出した着色を押さえる。塗膜着色，中間着色，補色
6. 製品の全体色のバランスを整える。
    項目1～5を集大成して完成させる。

鎌田賢一「第16回木工塗装入門講座テキスト」(2004)

表2-14　木工用着色剤（ステイン）の種類と用途

着色剤		素地着色（木材に直接塗れるかどうか）					塗膜着色（各塗料に混合できるかどうか）				
		素地適合性	次工程塗装適合性				水系	アルコール系	ラッカー	ウレタン	油性
			水系	ラッカー	ウレタン	油性					
水系	染料ステイン	けば立ち発色性 △〜○	○ はけ×	○	○	×〜○	○	×〜○	×	×	×
	顔料ステイン	けば立ち △〜○	○	○	○	×〜○	○	×〜○	×	×	×
アルコール系	染料ステイン	けば立ち耐光性 △〜○	△〜○	○ はけ×	○	△〜○	×〜○	○	×〜△	×	×
	顔料ステイン	けば立ち △〜○	△〜○	○	○	△〜○	×〜○	○	×〜△	×	×
溶剤系	染料ステイン	吸込みむら ×〜○	△〜○	○ はけ×	○ はけ×	○	×	×〜○	○	○	×
	顔料ステイン	○	△〜○	○	○	○	×	○	○	○	×〜△
油性系	染料ステイン	△〜○	×〜△	×〜△	×	○	×	×	×	×	○
	顔料ステイン	△〜○	×〜△	×〜△	×	○	×	×	×	×	○

(注)
1) 水系着色剤には，水性絵の具も含まれる。エマルション塗料のカラーも同じ。
2) 油性系はオイルステインのこと。
3) 着色剤（ステイン）には，着色剤（染料＋溶剤又は顔料＋溶剤）だけのものと，塗料分（ラッカー又は樹脂など）が入ったものもある。
4) 水系は素地のけば立ちが大きい。
5) オイルステインは次工程塗料の選択幅が狭い。
6) これらの表で専門家は溶剤系をメインにしながら使い分けができる（溶剤系は，万能顔料ステイン又は万能染料ステインともいう）。

鎌田賢一「第16回木工塗装入門講座テキスト」(2004)

3.2　目止め剤

木工塗装で，クローズポア仕上げ，ミラースムーズ仕上げの場合，目止め剤を使用して目止めを行う。

広葉樹の中には大きな道管を持つものがあり，その大きさは一般に0.1〜0.2mmで，表2-15に示すようにその種類によってはさらに大きいものもある。

一方，木工塗装で得られる塗膜厚は，せいぜい0.15〜0.2mm（150〜200μm*）であり，あら

表2-15　木材の道管の大きさ

木材の種類	導管の直径（mm）
ナラ	0.20〜0.25
ラワン	0.25〜0.35
サクラ	0.05〜0.10
カツラ	0.05〜0.10

＊：μm：マイクロメーターで1μmは$\frac{1}{1000}$mm，新聞紙の厚みは50μm程度。

かじめ目止め剤で道管を埋めない限りは，平滑な仕上げ面を得ることはできない。目止めは，
① 着色に先立って素地に直接行う場合
② 着色後ウッドシーラーを塗装してから行う場合
③ 着色と目止めを兼ねて行う場合などがある。目止めは木材の道管の中に泥を擦り込むような作業であり，目止めによって生じる欠点も多く，行わなくてもよい場合には避けた方がよい。

(1) 目止めの目的

目止めの目的は，次のとおりである。
① 道管を埋めて素材の表面を平らにして塗装効率を高める。
② 木理を強調して鮮明にする。
③ 塗料の異状な素材への吸込みを止める。
④ 木材に一定の色調を与える。

(2) 透明塗装の場合の目止め剤の条件

目止めの目的を達成するには，次の条件を備えていることが必要である。
① 浸透性がよく，目詰まりがよいこと。
② 透明性がよく，素地との付着性と同時にその塗装系との付着性を損ねないこと。
③ 作業性（塗りやすさ，ふき取りやすさ）と乾燥性のよいこと。
④ 上塗り塗料におかされないこと。

(3) 目止め剤の構成

目止め剤は，体質顔料（充てん剤）と着色剤及びこれらを素地に固着させる結合剤よりなる。体質顔料は道管などを埋め，着色剤は必要に応じた色を与え，結合剤はこれらをつなぎ合わせ，素地への固着，塗料の吸込みを抑える機能があり，ウッドフィラーの一般名称がある。

結合剤の種類により図2－13の種類がある。

体質顔料は，透明性がよく吸油量（脂肪油の量が少なくてよく湿潤する）の少ないものを選ぶ。使用する体質顔料は，その塗装系に使用する塗料の種類と密接な関係にあり，例えば酸硬化形アミノアルキド樹脂塗料を使用する場合，アルミナや炭酸カルシウムのようなアルカリ性の顔料は，硬化剤を中和して，塗膜の硬化障害が起きる場合がある。また，体質顔料が素地表面に弱付着境界層をつくり，塗装系の付着不良の原因となることがあるので，よくふき取ることが大切である。

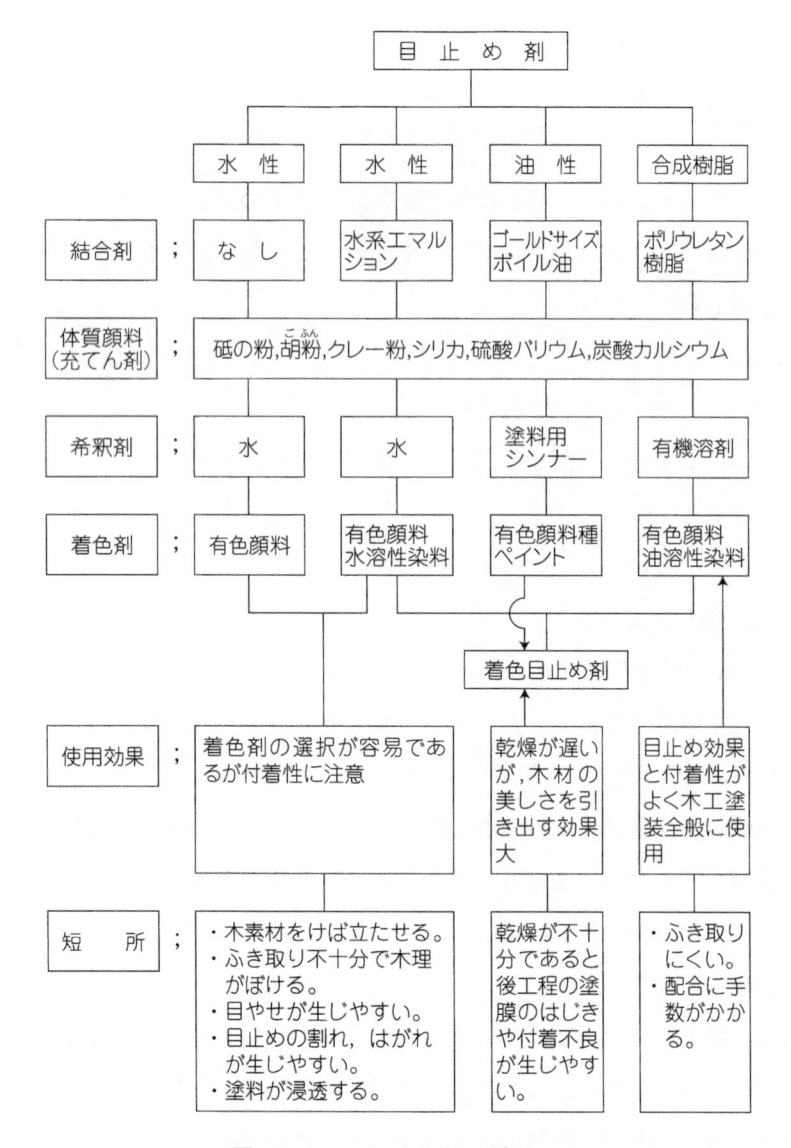

	水性	水性	油性	合成樹脂
結合剤	なし	水系エマルション	ゴールドサイズ ボイル油	ポリウレタン樹脂
体質顔料 (充てん剤)	砥の粉,胡粉,クレー粉,シリカ,硫酸バリウム,炭酸カルシウム			
希釈剤	水	水	塗料用シンナー	有機溶剤
着色剤	有色顔料	有色顔料 水溶性染料	有色顔料種 ペイント	有色顔料 油溶性染料
			着色目止め剤	
使用効果	着色剤の選択が容易であるが付着性に注意		乾燥が遅いが,木材の美しさを引き出す効果大	目止め効果と付着性がよく木工塗装全般に使用
短所	・木素材をけば立たせる。 ・ふき取り不十分で木理がぼける。 ・目やせが生じやすい。 ・目止めの割れ,はがれが生じやすい。 ・塗料が浸透する。		乾燥が不十分であると後工程の塗膜のはじきや付着不良が生じやすい。	・ふき取りにくい。 ・配合に手数がかかる。

図2-13 目止め剤の種類など

(4) 目止めの要領

基本的には,はけなどで目止め剤をかき混ぜながら木理と平行に塗り広げ放置し,その表面が半乾燥状態になったところでウエスで道管内に擦り込むようにしてふき取る操作(ワイピングという)で,1回で充てんが不十分な場合には繰り返して行う。

1) 道管内の木粉の除去

道管内に木粉が残っていると,道管溝に空洞をつくり,目止め剤が充てん不良となり目やせ,ピンホール,泡の原因となるので,目止め作業以前にダスターばけ(刷毛)やエアーガンで木粉を除去する。

2）目止め剤の粘度の調整

　目止め剤の粘度は，塗布の方法によって異なる。一般に粘度の低いものは，はけやスプレーで塗布され，高いものはへら付けされる。あまり粘度が低いと充てん性が悪く，逆に高いと道管溝の入口だけに詰まって内部に空洞を生じピンホールを発生する。

　3）目止め剤の塗布方法

　塗布方法には，はけ，へら，スプレー，ディッピング（浸せき）やふき取り装置を持つリバースコーターがある。

　4）目止め剤の擦り込み，ふき取り

　目止め剤を塗布した後，表面のつやが消えて半乾燥のころを見計らってウエスなどで手早く回しながら道管内に擦り込む。

　次に，新しいウエスなどで，素地面に残っている余分な目止め剤を木理に沿ってふき取る。このふき取り操作が不十分であると木理がぼけて不鮮明になる。また色むらや塗装系の付着障害などの原因ともなる。隅の部分は，へらなどにウエスを巻き付けてふき取る。また素地調整時に見落とした傷，接着剤などの付着による汚れや着色のむらなどをこの機会に修正するとよい。

　なお目止めに先立って，そのふき取り性をよくする目的でウッドシーラーのような下塗り塗料をシンナーで5～10倍に薄めた液（ウォッシュコートと呼ぶ）を塗装した後，目止めを行う（捨て塗り工程）場合もある。

3.3　漂　白　剤

　木材は，同一樹種でも，心・辺材や材質の違いにより材色は様々である。また，年々優良材が少なくなっていることで，家具・造作材も材質・色調を整えて製品化することが困難となっている。一方，消費者のトータルインテリアコーディネートの志向はますます強まるとともに，家具などの買い足し需要に応える必要がある。木材面を同一色調にする方法として，

① 漂白により木材の淡色部分に色調を合わせる。
② 着色により木材の濃色部分に色調を合わせる。
③ 透明微粒子を素地に付着させた後に着色し，比較的淡色な色調に合わせる。

などの場合がある。

　漂白の目的は，汚染（鉄，酸，アルカリ汚染，青変菌などの生物汚染など）による変色の除去と材色の脱色による色合せである。漂白剤には酸化漂白剤と還元漂白剤があり，こ

れらの薬剤は，温度，pH，濃度などの条件により漂白効果が変化する。このため，助剤を添加したり加温して活性化させ使用する。次に過酸化水素，亜塩素酸ナトリウムによる漂白方法について述べる。

（1）過酸化水素による漂白

過酸化水素水溶液は，アルカリ性側（pH10前後）に調整すると漂白力が強くなる。過酸化水素水溶液（30～35％）とアンモニア水（28％）を等量混合し，直ちに塗布する。また，別々に行うときは，アンモニア水又は炭酸ナトリウム（15％）液を塗布し，ウエスであくを取り除いた後に過酸化水素水溶液を塗布する。混合した場合は30分ぐらいで失効する。

（2）塩素酸ナトリウムによる漂白

亜塩素酸ナトリウム水溶液（2～5％）は，酸性（pH3～5）側に調整すると漂白力が強くなる。亜塩素酸ナトリウム水溶液を塗布し，直ちに，酢酸水溶液（0.5％）を塗布する。塗布後60℃前後で水分が乾燥するまで10分ほど加熱する。いずれの場合も，求める漂白の程度，木材の種類，汚染の種類により濃度を変えて行うことが必要である。漂白後薬剤が塗面に残留していると，上に塗られた塗膜と反応して黄変することがある。

特に酸硬化形アミノアルキド及びポリウレタン樹脂塗料にこの傾向が強い。したがって漂白後はウエスに水を含ませ，よく絞ったもので数回ふき上げる。また素地面の荒れは避けられないので，含水率の調整，十分な素地研磨などを必要とする。

漂白剤は，いずれも強い酸やアルカリなどの薬品を使用するので，取扱いには十分注意し，防護ゴーグルの使用，ゴム手袋の着用などをする。容器は金属製は避け，ガラス又は陶磁器，ポリエチレン製を使用する。はけは金属の付いていないナイロン製を用いる。漂白剤の塗布ははけで塗り付ける方法と，薬液中に浸せきする方法がある。

3.4 つや消し剤

木工塗装の仕上げでその表面のつやの状態は極めて重要である。ニーズに応じて光沢の度合いを上塗り塗膜で調整する添加剤につや消し剤がある。

図2－14（a）で示すように高光沢の外観は，入射する光線が上塗り塗膜表面で鏡のように正反射して得られる。一方，図（b）で示すように表面が粗である場合は，入射する光線が乱反射してつやのにぶい塗面になる。つや消し剤は，塗料に添加することにより塗膜の表面を粗にしてつや消し効果を与える微細な粒子である。

木工用としては，透明性のある微粒なシリカ粉末やポリエチレンワックスなどがある。

ポリエチレンワックスは塗膜表面が取扱いの過程で受ける擦り傷や摩耗に耐えるスリッピング性を与えるので，多用されている。現在市販されているつや消し剤は電動かくはん（撹拌）機のみでも塗料液中に分散できる易分散形であり，つやの調整が現場でも可能である。時には，つやありの塗面をスチールウールで研磨してつやを消すこともある。

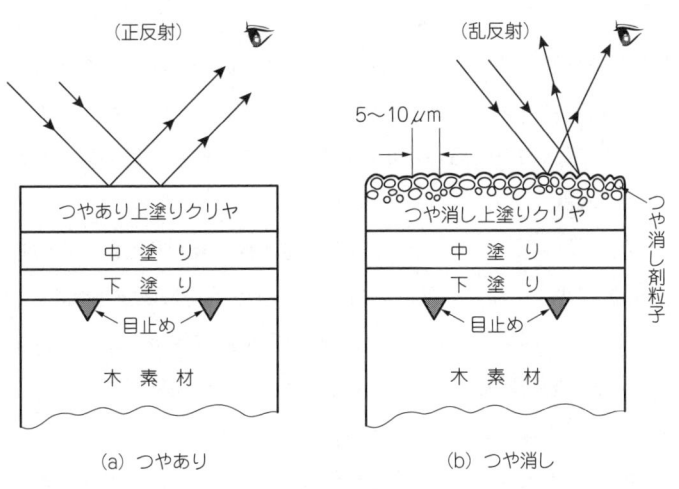

図2－14　つや消し剤の添加による塗膜表面の状態

　木工塗装に必要な材料は，その工程上多種類に及ぶ。本章では，その大要を述べたがそれぞれの特徴をつかみ活用し，その用法を誤るとトラブルの発生につながるので正しい使い方を習得する。

=== 練 習 問 題 ===

1．次の文について，正しいものには○を，誤っているものには×を付けなさい。
（1）ラッカーはクッキータイプの塗膜を形成する塗料である。
（2）ポリマー粒子が溶媒中に分散しているエマルション塗料は粒子の融着により乾燥，固化するが，チョコレートタイプの塗膜しか形成できない。
（3）漂白剤を塗布する場合は，動物の毛を使用したはけ（刷毛）が適切である。
（4）油性塗料が染みついているウエスをまとめて置いておくと自然発火することがある。
（5）木材の目止めにおいて，粘度の高い目止め剤ははけで塗布し，低い目止め剤はへらでしごいて木目に埋め込むとよい。
（6）油性ワニスの中で，ゴールドサイズは砥の粉や胡粉と練り合わせて目止めに使われることがある。
（7）UV硬化塗料は耐候性がよくないので，床材などの屋内用途に限定される。
（8）夏に使用する油性目止め剤は，希釈に蒸発の速い希釈剤を使用した方が作業性がよい。
（9）塗膜形成要素のうち連続被膜を形成する主成分は塗料用樹脂である。
（10）過酸化水素水は，塗料のはく離に用いられる。
（11）ローズウッド，黒柿，チークなどの樹脂分（やに）の多い木材に不飽和ポリエステル樹脂を塗ると，塗膜が硬化しない場合がある。
（12）不飽和ポリエステル樹脂に硬化剤と促進剤を配合するとき，同時に添加するとよい。
（13）2液形ポリウレタン樹脂塗料のうすめ液にラッカーシンナーを用いるとよい。
（14）下塗り，中塗りに硝化綿ラッカーを，上塗りに2液形ポリウレタン樹脂塗料を用いた塗装系は実績もあり，木工家具の塗装ラインに広く普及している。
（15）2液形ポリウレタン樹脂塗料は，酸化重合により乾燥する塗料である。

2．ポリマーを主成分とする塗装材料の流動（液体）―固化（固体）様式は下表のように分類できる。表の空欄A～Kに，次の①から⑯より適切な言葉を選び，その記号を入れなさい。
①あり　②なし　③アクリルラッカー　④焼付け形アクリル樹脂塗料　⑤でんぷん糊
⑥不飽和ポリエステル樹脂パテ　⑦2液形エポキシ樹脂接着剤　⑧木工用ボンド
⑨NAD（非水ディスパージョン）形塗料　⑩電磁波　⑪融着　⑫粘着　⑬冷却―ガラス化
⑭溶剤蒸発　⑮橋かけ反応　⑯ビニルエマルション塗料

流動化方式	固化方式	分子量変化	例
加熱溶融	（ A ）	なし	路面表示用塗料、ホットメルト形接着剤
溶解	（ B ）	（ C ）	（ D ），パンク修理用接着剤
ポリマー粒子の分散液	（ E ）	なし	（ F ），（ G ）
モノマー，プレポリマー溶液	（ H ）	（ I ）	UV硬化塗料，（ J ），（ K ）

第3章　塗装による木工製品の仕上げ方

> **キーポイント**
> （1）木材の特異性と塗装に必要な塗装工程とは
> （2）工程ごとに必要とする塗料，器材とその役割
> （3）素地調整，着色，研磨工程の重要性
> （4）用途に応じた塗装系と塗料の選択の例
> （5）漆による伝統工芸の優雅性

第1節　塗装仕上げの種類

1．1　木工製品の塗装概要

　木材は，図2-14に示したように他の工業材料（金属，プラスチック，無機質材料など）のように表面性状が均質ではない。また，木工製品は，家具，楽器，建具，柱，壁，床，スポーツ用品，自動車部品など多岐にわたる。木工塗装の目的は，特に透明塗装においては木材固有の天然の木目の美しさ，個性を最大限に強調し，さらに木材の汚れ，劣化から守り，乾湿による材質の狂いを軽減することである。それぞれの用途により，耐候性，耐摩耗性，耐汚染性，防菌性，仕上がりの光沢度合，平滑性などの要求性能の程度が異なる。木工用塗料に要求される性能と木工製品の塗装仕様に影響を及ぼす主要因をまとめて図3-1に示す。多岐にわたる条件を満たすため，木工塗装は多工程を必要とすることから，作業性，乾燥性，研磨性，つや仕上げのポリッシング性が他素材の塗装に比べて重要である。その塗装作業は「塗る，乾かす，磨く」の繰り返しといえる。

　塗装工程を考えるに当たっては，どのような仕上げ方で行うかを選択し，順序よく作業を組み立てていく。新規の木工塗装は，素地調整→着色→目止め→下塗り→中塗り→上塗りの順に行い，そのほかに必要に応じて，漂白，補色，研磨，磨き仕上げを行う。しかし実際の塗装では，仕上げの方法，経済性の問題などで，すべての工程が行われるわけではなく，製品に応じて選択する。

　1．2項で塗装仕上げの分類を述べるが，最も工程数を必要とするミラースムーズ仕上げ（鏡面仕上げ）の基本工程は図3-2のようになる。

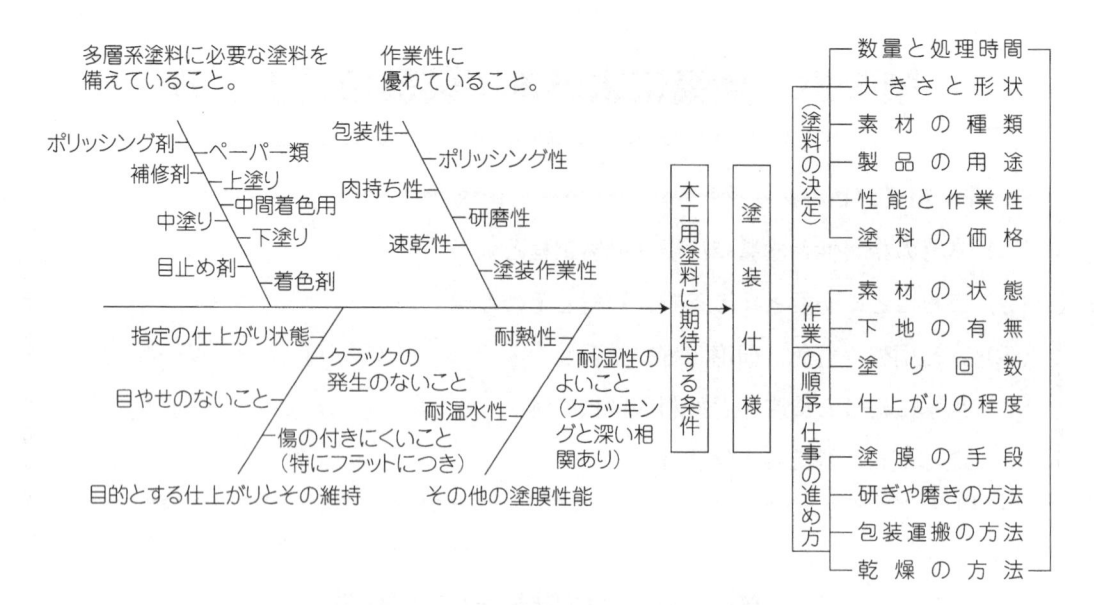

図3-1　木工用塗料に要求される性能

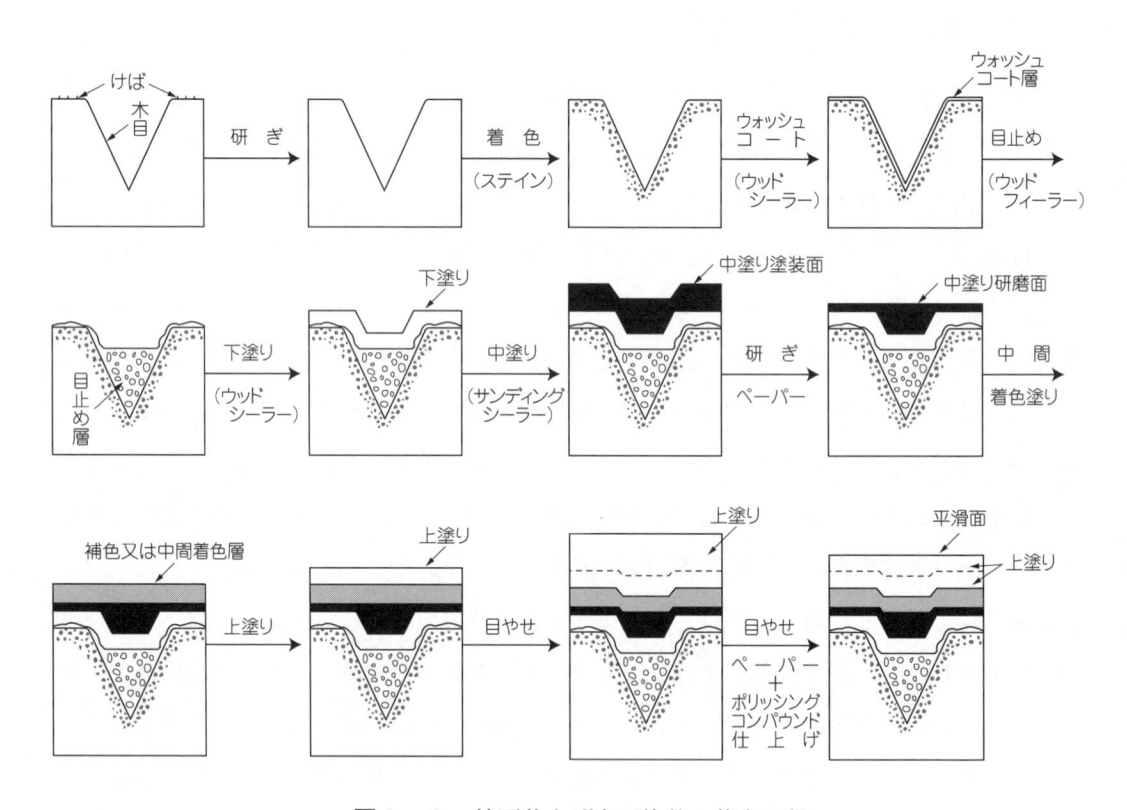

図3-2　鏡面仕上げ木工塗装の基本工程

木工塗装にはそれぞれの工程に必要な塗料及び補助材料があり，塗装系はその組み合わせよりなっている。表3－1にこれを総合的にまとめる。

表3－1　木工塗装工程に必要な塗料及び補助材料

工　程		一般呼称	使　用　目　的
素地調整	漂白剤	各種	素材の染み抜き，素材の色の均一化，漂白反応
	研磨紙	サンドペーパー	均一で平滑な素材面をつくる。
	充てん補修	ウッドパテ，パテクリヤ	打痕，傷を埋め補修
素地着色	染料系	ウッドステイン	素材の色を均一にする。木材の持つ色を強調する。
	顔料系		
捨て塗り		ウッドシーラー	
目止め	水系	ウッドフィラー	素材の道管を埋め平滑にする。木目を鮮明にする。着色剤を補色する。塗装効率をよくする。
	油性系		
下塗り		ウッドシーラー	着色，目止めを安定化し，塗料の吸込みを防ぐ。素材と塗膜の付着性向上。特別の場合，素材中のやにを抑える。
中塗り		サンディングシーラー	塗装の仕上がりを平滑にする重要な塗膜中間層で研磨性は極めて優れる。目止めの目やせの補てん。
研磨		サンドペーパー	塗装系を中塗りで平滑にする。
中間着色補色塗り		カラークリヤ	素地着色との組合せで仕上がりに立体感を与える。
上塗り	つや仕上げ	ウッドクリヤ	ニーズに応じた仕上げ外観を与える。鏡面光沢仕上げには，研磨，ポリッシング性の優れたクリヤを使用する。フラット系では，擦り傷性の少ない設計がなされる。
	半つや仕上げ	ウッドセミフラットクリヤ	
	つや消し仕上げ	ウッドフラットクリヤ	
磨き仕上げ	鏡面光沢仕上げ	サンドペーパーポリッシングコンパウンドワックス	鏡面仕上げで最終的に磨き仕上げを行う。
	つや消し仕上げ	サンドペーパースチールウール	平面をミクロ的な凹凸を付けて，光沢を減じる。
その他，希釈剤		シンナー類	各工程の塗装方法により，薄めて塗料の粘度を調節する。

1．2　塗装仕上げの分類

　木工塗装の仕上げには，表3－2に示す多様な仕上げ方があり，目的とする塗装効果をかもし出すために，これらを複数採用している場合が多い。
　また，光沢度，塗料の種類が着色に及ぼす影響，その組み合わせにより仕上がり外観や耐久性などが異なる。木工製品の仕上げの基本は，木材の持つ材質感を強調することであ

表3-2 木工塗装仕上げの種類

分類	仕上げの種類
素地の明りょう度	透明仕上げ（クリヤ仕上げ） 半透明仕上げ，白木地仕上げ 不透明仕上げ（エナメル仕上げ）
塗膜の形成状態	塗膜浸透仕上げ（マイクロフィニッシュ） オープンポア仕上げ（目はじき仕上げ） セミオープンポア仕上げ クローズポア仕上げ（目詰め仕上げ） ミラースムーズ仕上げ（鏡面平滑仕上げ）
着色の有無	生地仕上げ 着色仕上げ……素地着色仕上げ，道管着色仕上げ（目止め着色仕上げ，木目着色仕上げ），塗膜着色仕上げ
塗料の光沢度	つや消し仕上げ つや出し仕上げ
上塗り塗料の種類	ラッカー仕上げ ウレタン仕上げ アルキド仕上げ UV仕上げ ワックス仕上げ その他の塗料による仕上げ

り，素地の明瞭度は透明又は半透明仕上げが本来の姿であるが，なかには，不透明なエナメル仕上げや伝統的な漆工芸仕上げのようなものもある。

(1) 透明仕上げ

素地の木理や色が塗膜を通してはっきりと見ることができる仕上げであり，透明塗料（クリヤ）が使用される。

素地の色むら，欠点，着色むらがそのまま現れる。

(2) 半透明仕上げ

素地の木理や色がぼやけて見える仕上げであり，有色顔料による素地着色やカラークリヤ（クリヤに染料か微粒子顔料を分散・混合した塗料）で中間補色したもの。

(3) 不透明仕上げ

サーフェーサー又はエナメルで素地を完全に隠ぺいしてしまう仕上げである。

1.3 塗膜の形成状態

塗膜のでき方には，塗料を木材内部に浸透させて仕上げる塗料浸透仕上げから，塗料や目止め剤などで木材の微細な穴を埋め完全表面造膜するクローズポア仕上げ，磨き上げて鏡面とするミラースムーズ仕上げまで表3-3に示す5つの塗膜形成状態がある。

表3－3　塗膜の形成状態による分類

仕上げの種類	塗面の状態	道管の断面図
塗料浸透仕上げ （マイクロフィニッシュ又はオイルフィニッシュ仕上げ）	表面に塗膜をつくらず，木材内部に塗料が浸透した状態	
オープンポア仕上げ （目はじき仕上げ）	塗膜面で木材の道管がはっきりと鋭角に開いている状態	
セミオープンポア仕上げ（準目はじき仕上げ）	オープンポアとクローズポアの中間的な状態	
クローズポア仕上げ （目詰め仕上げ）	塗膜面の木材道管やその他の穴が，塗料や目止め剤により埋められた平滑な状態。つやあり，つや消しの両方がある。	
ミラースムーズ仕上げ （鏡面仕上げ）	鏡の面のように平らで光沢のある状態。クローズポア仕上げ面をコンパウンド類で磨いて鏡面にする。	

（1）塗料浸透仕上げ（マイクロフィニッシュ又はオイルフィニッシュ）

　木材内部に塗料を浸透させて表面に塗膜をつくらない仕上げであり，代表的な仕上げ方法をオイルフィニッシュと呼ぶ。チーク，ウォールナット，ローズウッドなどの濃色で素地欠点がない木材の方が仕上がりがよいが，白や淡彩色の木材にはオイルが経時により色やけ（変色）するので適さない。

　塗膜が形成されていないことから耐水性，耐汚染性に欠ける。オイルフィニッシュには，主に油性塗料（ボイル油）や乾性油（あまに油又はきり油）が用いられるが，油変性ポリウレタン樹脂，長油性アルキド樹脂塗料などの合成樹脂塗料も用いられる。後者の塗料を用いると木材のぬれ色がさらに出て濃色化し，ワックスでふき上げるとしっとりとした落ち着きのある仕上がりとなる。しかし，オイルフィニッシュ仕上げは長い間には光変色を起こして黄変し，ついには白っぽくなりかさついた感じになるので，2，3年ごとに再塗装（オイルフィニッシュ）を行うことが望ましい。

（2）オープンポア仕上げ

　オープンポア仕上げは，塗料や目止め剤で木材の道管やその他の穴を埋めずに，道管内

部を含め比較的薄い塗膜で仕上げるものである。図3－3に示すように塗装条件の調節が必要である。

オープンポア仕上げは，木目を生かした仕上げ方法であることから，大きな道管を持つ広葉樹の環孔材に適用されることが多い。透明仕上げでは，素地に直接又は着色した後に，硝化綿樹脂塗料やポリウレタン樹脂塗料などの透明塗料を塗布し，不透明仕上げではエナメルを塗布する。図（a）のように道管の縁をすっきりと鋭角に仕上げるには素地と塗膜の研磨が欠かせないが，塗膜が薄いので，研磨によって素地を出さないようにしなければならない。オープンポア仕上げでは大きな道管が埋まってないので，ごみ，汚れが目に詰まりやすい。また塗膜が薄いことで，塗膜による素地の保護という面よりも，視覚的効果をねらった仕上げであるといえる。針葉樹では，薄い塗膜で軟らかな材質感が表現されるとともに，手あかなどの汚れも防ぐことができる。

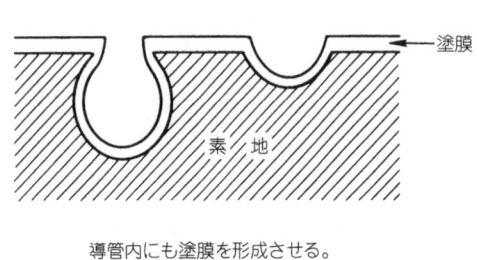

(a) よい仕上げ
導管内にも塗膜を形成させる。

(b) 道管内に塗膜が形成されていない仕上げ及び目はじきを起こした仕上げ

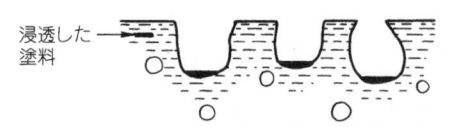

粘度が低く，塗布量不足のため，塗料が浸透してしまい，かつ道管の底に塗料がたまっただけの状態になっている。

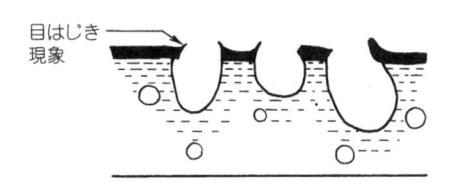

粘度が高く，厚塗りし過ぎたため，道管孔の内壁に塗膜が形成されず，かつ道管の縁にある塗料がはねている。

図3－3　塗装条件による道管内の断面図

（3）セミオープンポア仕上げ

セミオープンポア仕上げは，塗膜による素地の保護と木質感を生かしたもので，道管を塗料や目止め剤で完全に埋めない仕上げである。

使用する塗料は，硝化綿樹脂塗料，ポリウレタン樹脂塗料，酸硬化形アミノアルキド樹脂塗料で，中塗りにサンディングシーラーを使うことにより塗膜をやや厚くする。道管をどの程度埋めて仕上げるかは，使用目的，道管の凹凸をどのように表現するかで決定する。

（4） クローズポア仕上げ及びミラースムーズ仕上げ

　クローズポア仕上げは，道管を初めとするすべての穴を塗料や目止め剤で埋め，平滑な塗面に仕上げるものである。クローズポア仕上げではあるが，塗膜を磨いたり，つやあり塗料（クリヤ）を塗布して，あたかも鏡の面のように平らで光沢のある仕上げにしたものを，鏡面仕上げ又はミラースムーズ仕上げという。この仕上げは，素材の質感より塗膜の質感を表現するもので，厚い塗膜にするためにいろいろな欠陥を生じやすく，その原因と管理については第5章で述べる。

第2節　木工製品の仕上げ方

2．1　素地調整及び研磨

（1）　素地調整の必要性

　素地調整は，塗装前の処理作業で素地面を塗装に適する状態にする工程である。素地の良否が塗装の仕上がりに直接影響することから，非常に大切な工程である。

　適切に調整された素地面への塗装では作業中の不具合は極端に減る。例えば素地面の油，汚れの付着は塗料のはじき，付着障害などを生じ，また素地の凹凸は鏡面仕上げ（ミラースムーズ仕上げ）などの高光沢仕上げになるほど目立ってくる。素地調整は，これらの素地不良によるトラブルを防ぐ目的で行われ，素地の状態を点検し，塗装作業に支障のないような平滑面をつくるために，打ち傷の修正や汚れの除去などの作業を行う。

（2）　素地の調整方法

ａ．素地研磨

　研磨紙及び研磨布を用いて素地の傷や汚れを除いて平滑面をつくり，塗料の吸収を均一化して，付着性をよくすることを目的とする。

　研磨の方法には，手研磨と機械研磨があり，いずれも研磨は繊維の方向と平行に行う。特に透明塗装では，繊維方向と直角や斜めに研磨した場合，研磨痕（研ぎ足）が目止めや着色により目立ってきて仕上り外観を著しく損なう。曲面，木端など狭い部分は，当て板を使用した研磨紙で手研磨を行うことが多い。また，素地面の著しいけば立ちは着色むらや木理不鮮明の原因となるので，次の方法により行う。

1）水引き研磨

　水，温水，場合によっては乾燥時間を短縮するためにアルコールをあらかじめ塗布して

けばを起こして研磨する。

2）グルーサンディング

希釈したにかわ液などの接着剤を薄く塗布し，けばを起こし固めた後に研磨する。

3）ウォッシュコートサンディング

希釈した下塗り塗料（ポリウレタンウッドシーラー）などを薄く塗布し，けばを起こし固めた後に研磨する。

なお，研磨による研磨粉の道管内への残留は，ピンホールの発生，目止め不良による目やせの原因となるので，ダスターばけ，エアーガンを用いて取り除く。

b．素地の欠陥の修正

1）打ち傷

木材素地面の打ち傷は，温水又は水でぬらした布を当て，アイロンをかけて加熱してふくらませる。この方法でふくらまなければ埋め木をする。化粧合板の場合，小さな傷は研磨紙による研磨でもよいが，深い傷は埋木又はウッドパテなどで埋める。

2）接着剤の残留

接着剤の残留箇所は，水又は湯引きを行うと，そのぬれ色の差から容易に見出される。接着剤は研磨紙だけでは容易に取り除けないのでスクレーパ，のみなどの刃物で取り除き，その跡をP150の研磨紙で粗く研磨し，次いでP180〜P320の研磨紙で十分に研磨する。

3）油，やになどの付着

アセトン，ラッカーシンナー，テレビン油などでふき取る。樹種によってやにを多く含むものがある。マツなどの針葉樹などでは，おがくずに溶剤を含ませて素地にまぶしてふき取ったり，また内部からさらに出てきそうな場合は，加熱して強制的に除去する。ローズウッド，パープルウッド，コクタン，チークなどに直接不飽和ポリエステル，紫外線硬化形樹脂塗料を塗装すると素材中に含まれるやに分によって硬化が阻害されるので，あらかじめやに止め効果の優れているポリウレタンやに止めシーラーを塗装する。また乾燥不十分な木材への塗装は，塗装の仕上がり具合，塗装系の耐久性に悪い影響を及ぼす。塗装に適した含水率は8〜12%である。

（3）研磨材

木工塗装において，塗膜の研磨は仕上がりに大きく影響する。研磨には研磨紙・研磨布とマンガン鋼を繊維状にしたスチールウールが用いられ，その種類と用途を表3−4〜3−6に示す。

研磨紙での素地研磨では，次の点に留意すること。

① 粗い番手の研磨紙ほど，研磨溝は深く，また研磨痕の間隔も広く表面荒れの状態となる。細いけばほど繊維が切れにくく，切れ残ったけばを道管内に残す。
② 研磨は木理に平行に，軽く荷重をかける程度がよく，斜行や高い荷重は面を荒らしけばをつくる。
③ 精密研磨は，シーラーを塗布した後又は水ふき乾燥後研磨する。

また，塗膜研磨では，
① 通常P400程度を使用するが，研磨の目的により番手を変える。
② 付着物を除去して，塗膜を平滑にするとともに付着性を付与する。

表3－4 研磨材の種類

研磨材 種類	形状による種類	基材の坪量による種類	研磨材の材質による種類（記号）	研磨材の粒度による種類
研磨布 (JIS R 6251)	シート ロール	—	アルミナ質研削材（A，WA，PA，HA，AZ）炭化けい素質研削材（C，GC）ガーネット（G）	P24, P30, P36, P40, P50, P60, P80, P100, P120, P150, P180, P220, P240, P280, P320, P360, P400, P500, P600, P800, P1000
研磨剤 (JIS R 6252)	シート	Aw, Cw, Dw	アルミナ質研削材（A，WA，PA，HA，AZ）炭化けい素質研削材（C，GC）ガーネット（G）けい石（F）	P40, P50, P60, P80, P100, P120, P150, P180, P220, P240, P280, P320, P360, P400, P500, P600, P800, P1000, P1200, P1500, P2000, P2500
	ロール	Cw, Dw, Ew	アルミナ質研削材（A，WA，PA，HA，AZ）炭化けい素質研削材（C，GC）ガーネット（G）けい石（F）	P30, P36, P40, P50, P60, P80, P100, P120, P150, P180, P220, P240, P280, P320, P360, P400, P500, P600, P800, P1000, P1200, P1500, P2000, P2500
耐水研磨紙 (JIS R 6253)	シート ロール	Aw	アルミナ質研削材（A，WA，PA，HA，AZ）炭化けい素質研削材（C，GC）	P220, P240, P280, P320, P360, P400, P500, P600, P800, P1000, P1200, P1500, P2000, P2500
		Cw	アルミナ質研削材（A，WA，PA，HA，AZ）炭化けい素質研削材（C，GC）	P60, P80, P100, P120, P150, P180, P220, P240, P280, P320, P360, P400, P500, P600, P800, P1000, P1200, P1500, P2000, P2500
		Dw	アルミナ質研削材（A，WA，PA，HA，AZ）炭化けい素質研削材（C，GC）	P60, P80, P100, P120, P150, P180, P220, P240, P280, P320, P360, P400

表3－5　研磨材の粒度と用途

種類	研磨紙	研磨布	耐水研磨紙	用途
P 60	○	○	○	素地研磨
P 80	○	○	○	素地研磨
P 100	○	○	○	素地研磨
P 120	○	○	○	素地研磨
P 150	○	○	○	素地研磨
P 180	○	○	○	素地研磨／下・中塗り
P 220	○	○	○	素地研磨／下・中塗り
P 240	○	○	○	素地研磨／下・中塗り
P 280	○	○	○	下・中塗り
P 320	○	○	○	下・中塗り
P 360	○		○	下・中塗り
P 400	○		○	下・中塗り／上塗り
P 500	○		○	上塗り
P 600			○	上塗り
P 800			○	上塗り／上塗り磨き
P1000			○	上塗り磨き
P1200			○	上塗り磨き
P1500			○	上塗り磨き
P2000			○	上塗り磨き

表3－6　スチールウールの種類

番手		用途
細 ↑	0000	塗膜のつや消し
	000	塗膜のつや消し
	00	塗膜のつや消し
	0	素地研磨
	1	素地研磨
	2	素地の粗研磨，塗膜はく離
↓ 粗	3	素地の粗研磨，塗膜はく離

使用方法
1　曲面の研磨に使う。
2　研磨はスチールウールを片手で握る程度の大きさに巻き，スチールウールの繊維方向と木目を直交させて木目と平行に行う。
3　塗膜のつや消しの際は強く研磨すると研ぎ足が乱れるので，なでるように軽く行う。

2．2　木工製品の具体的な仕上げ方

過去においては，木工塗装用塗料の主役は，速乾性でチョコレートタイプの塗膜を形成する硝化綿樹脂塗料（通称，硝化綿ラッカー又はニトロセルロース）であったが，多様なニーズに応えるため，現在は，ポリウレタン又は不飽和ポリエステル樹脂塗料のようなクッキータイプの塗膜を形成する橋かけ形塗料を使用する塗装系が増えている。

2．2．1　家　具（ダイニングテーブル）

（1）仕上がりに必要とする条件

1）外　　観

素地が生かされ，着色が美しく，かつつや消し状態が均一であり，長期にわたり美粧効果が維持できること。

2）機　能　性

塗膜表面が，食器や調味料容器の底による擦り傷が付かないこと。食品や調味料の付着による汚染がしにくく，汚れが除去しやすいこと。

やかんや湯飲みの熱で塗膜の表面に白化，変色，割れが生じないこと。

（2）塗　装　工　程

ダイニングテーブルに使用される塗料は，その要求される塗膜物性から，ポリウレタン樹脂塗料が使用されることが多い。上塗りとしてのつや消し塗料に使用されるつや消し剤は，耐擦り傷性のあるポリエチレンワックスなどの併用が望ましい。表3－7に塗装工程の一例を示す。

同様に，白木地仕上げの工程を表3－8に示す。一般に透明塗料を塗装すると元の素地色よりも濃いぬれ色になるが，これを白の顔料ステインでごく薄く着色して明るい素地の色に仕上げる方法である。

また，表3－9にオイルフィニッシュ仕上げを示す。北欧，アメリカの高級家具やクラフト風の家具に用いられる塗装で，チーク材のような樹脂分を多く含んだ木材や，ウォールナット材，ローズウッド材などの濃色材，硬いケヤキ材に適している。セン材，タモ材，シナ材などの淡色材や軟材では，材質をそろえないと，汚く仕上がることがある。また，0.2mm程度の薄い突き板を張った単板オーバレイ合板への塗装では，接着層に塗料がブロックされて深みのある仕上がりが期待できないことから，0.5mmから0.8mm以上の合板とすべきである。

使用後のオイルの染み込んだ布は，まとめて放置すると放熱性が少なく自然発火の危険があるので，その日のうちに広げて乾かすか，焼却するか，水に漬けるなどの処理をする。

表3-7 家具（ダイニングテーブル）の塗装工程例

素材＝オーク集成材

No.	工程	使用塗料とその処理	塗装方法	塗り回数	塗膜厚(μm)	乾燥条件
1	素地調整	P240ペーパーで研磨，均一な表面とし，汚れを除去，打痕などを補修する。	—	—	—	—
2	素地着色	ワイピングステイン	ワイピング	1	—	50℃×0.5時間
3	補色下塗り	ポリウレタン樹脂塗料 カラークリヤ 主剤，硬化剤，シンナー	スプレー	2	30	50℃×1時間
4	研磨	P320ペーパーで研磨	—	—	—	—
5	下塗り	ポリウレタン樹脂塗料 サンディングシーラー 主剤，硬化剤，シンナー	スプレー	3	60	50℃×1時間
6	研磨	P400ペーパーで研磨	—	—	—	—
7	上塗り	ポリウレタン樹脂塗料 つや消しクリヤ 主剤，硬化剤，シンナー	スプレー	1	20	50℃×1時間

表3-8 白木地仕上げの塗装工程例

素材＝ナラ，タモ無垢

No.	工程	使用塗料とその処理	塗装方法	塗り回数	塗膜厚(μm)	次工程までの乾燥条件
1	素地調整	P150～P180ペーパーで研磨均一な表面とし，汚れを除去，打痕など補修する。必要に応じて漂白する。	—	—	—	—
2	素地着色	白顔料ステイン ふき取り用シンナー	はけ塗り ウエスでふき取り	1	—	常温 1時間以上
3	下塗り	ラッカーサンディングシーラー＋フラットベースに白顔料ステイン（20％顔料）を0.1～0.3％混合する。	スプレー	1	15	常温 2時間以上
4	研磨	P240～P320ペーパーで研磨する。研磨し過ぎないように軽く均一に研磨する。	—	—	—	—
5	上塗り	ラッカーフラットクリヤ，白顔料ステイン（0.5～1％）を混合する。	スプレー	1	15	常温 1夜以上

表3－9　オイルフィニッシュの塗装工程例

素材＝ローズウッド材無垢

No.	工　程	使用塗料とその処理	塗装方法	塗り回数	乾燥条件
1	素地調整	P150～P180ペーパーで研磨する。均一な表面とし，汚れを除去，打痕などを補修する。	―	―	―
2	塗り込み	ボイル油を木材にたっぷり塗り付けて浸透させる。	はけ塗り	平滑になるまでこの工程を3～4回繰り返す。	常温 0.5時間
3	研ぎ込み	ボイル油をP320～P400ペーパーに付けて，研磨しながら擦り込む。練り状の研ぎかすをよく擦り込む。	擦り込み		直ちに
4	ふき上げ	余分なものは布でふき取る。これで木理や繊維のすき間に固着し平滑な表面になる（クローズポアー仕上げ）。	ワイピング		常温 1夜
5	研　磨	スチールウール00～000番かナイロンパッドで木目に平行に磨きワックスを付けふき上げる。			

（注）使用する油は乾性油であり，ボイル油のほかにあまに油や桐油などがある。チークオイルは乾性油を原料とした市販塗料の商品名である。

2.2.2　楽　　器

木工塗装で最高級仕上げであるピアノ及びクラシックギターを具体例として取り上げる。

（1）仕上がりに必要とする条件

1）外　　観

① 高光沢であり，実用条件下で光沢が維持されること。

② 平滑であり，長期にわたり平滑さが保たれること。

③ 黒塗り鏡面仕上げの場合，漆黒であり，透き通った深みのある黒さがあること。生地塗り鏡面仕上げでは，本質感がより引き出され，透き通った深みがあること。

2）保　　護

① 部品の寸法が安定しており，長期にわたり寸法の変化，反り，ねじれが生じないこと。

② 擦り傷が付かないこと。輸送中や使用中に擦り傷が付きにくいこと。

3）機　能　性

楽器に求められるよりよい音響特性が引き出されていること。

(2) ピアノの塗装

ピアノの塗装は，経時的な平滑性の維持，耐擦り傷性，硬度，肉持ち性などの特徴を活用した鏡面仕上げである。生地塗り鏡面仕上げの場合のように素材にやに分を含むウォールナット材を使用する場合には，下塗りとして2液形ポリウレタン樹脂ウッドシーラーが塗られ，上塗りの不飽和ポリエステル樹脂塗料の硬化阻害を防止している。

また，黒塗り鏡面仕上げに使用されている黒エナメルには，要求されている色合いと，硬化性の関係から特殊なカーボンブラック（黒顔料）が使用される。

不飽和ポリエステル樹脂塗料の塗膜は剛直であり，その耐久性から内部可塑化された形のものが望ましい。ピアノの塗装での乾燥条件は木材の寸法安定性を図るため常温で行われており，また，使用樹脂系では，十分な硬化状態が得られるものを採用している。表3-10及び表3-11に塗装工程を示す。またこの塗装に不飽和ポリエステル樹脂塗料が選定されている理由の1つは，塗膜の有する音響効果である。

表3-10　ピアノ黒塗り鏡面仕上げの塗装工程例

素材＝カバ化粧材

No.	工程	使用塗料とその処理	塗装方法	塗り回数	塗膜厚(μm)	乾燥条件
1	素地調整	P180ペーパーで研磨する。均一な表面とし，汚れを除去，打痕などを補修する。	—	—	—	—
2	下塗り	不飽和ポリエステル樹脂塗料 サーフェーサー 主剤，硬化剤，促進剤，反応性希釈剤	スプレー	3	250	常温 1夜以上
3	研磨	P240ペーパーで研磨	—	—	—	—
4	上塗り	不飽和ポリエステル樹脂塗料 黒色エナメル 主剤，硬化剤，促進剤，反応性希釈剤	スプレー	4	350	常温 1夜以上
5	研磨	P400，P600ペーパーで2段研磨	—	—	—	—
6	つや出し研磨	綿バフ，研磨剤（コンパウンド）	—	—	—	—
7	仕上げ	ワックス掛け				

大隅豊康 作成（2005）

表3-11　ピアノ生地塗り鏡面仕上げ

素材＝ウォールナット化粧材

No.	工程	使用塗料とその処理	塗装方法	塗り回数	塗膜厚(μm)	乾燥条件
1	素地調整	P240ペーパーで研磨する。均一な表面とし，汚れ除去，打痕などを補修する。	—	—	—	—
2	着色	ワイピングステイン	ワイピング	—	—	50℃ 1時間
3	補色下塗り，押さえ下塗り	ポリウレタン樹脂塗料 カラークリヤ 主剤，硬化剤，シンナー	スプレー	2	30	常温 1夜以上
4	研磨	P320ペーパーで研磨	—	—	—	—
5	上塗り	不飽和ポリエステル樹脂塗料 クリヤ 主剤，硬化剤，促進剤，反応性希釈剤	スプレー	4	350	常温 1夜以上
6	研磨	P400，P600ペーパーで2段研磨	—	—	—	—
7	つや出し研磨	綿バフ，研磨剤（コンパウンド）	—	—	—	—
8	仕上げ	ワックス掛け				

大隅豊康 作成（2005）

(3) クラシックギターの塗装

この楽器についても塗膜に要求される条件はピアノの塗装と同じである。塗装系のリーチングアウト効果を発揮した方法による塗装例であり，表3－12にその一例を示す。上塗りラッカークリヤは，塗料中，最もつや出し研磨性のよい塗料で美麗な仕上がりを与える。

表3－12 クラシックギターの塗装工程例

素材＝エゾマツ無垢

No.	工程	使用塗料とその処理	塗装方法	塗り回数	塗膜厚(μm)	乾燥条件
1	素地調整	P240ペーパーで研磨する。均一な表面とし，汚れを除去，打痕などを補修する。	—	—	—	—
2	捨て塗り	ポリウレタン樹脂塗料 やに止めシーラー 主剤，硬化剤，シンナー （3倍程度にシンナーで希釈する。）	スプレー	1	10	45℃ 1時間
3	研磨	P320ペーパーで研磨	—	—	—	—
4	着色 押さえ下塗り	ポリウレタン樹脂塗料 カラークリヤ 主剤，硬化剤，シンナー	スプレー	2	30	45℃ 1時間
5	研磨	P320ペーパーで研磨	—	—	—	—
6	下塗り	ポリウレタン樹脂塗料 サンディングシーラー 主剤，硬化剤，シンナー	スプレー	3	50	45℃ 1.5時間
7	研磨	P400ペーパーで研磨	—	—	—	—
8	上塗り	ラッカークリヤ，シンナー	スプレー	3	50	45℃ 1時間
9	研磨	P400，P600，P800ペーパーで3段研磨	—	—	—	—
10	つや出し研磨	綿バフ，研磨剤（コンパウンド）	—	—	—	—
11	仕上げ	ワックス掛け	—	—	—	—

大隅豊康 作成（2005）

2.2.3 車の内装品

　用途から寸法安定性，耐久性が大切で，素材にはウォールナットやカエデの玉杢部の厚さ0.5mmの突き板を張った単板オーバレイ合板が用いられており，一般の合板と全く異なる。車両内装用として形状が曲面を持ち，自動化が困難で人力による仕上げ作業による。その塗装工程を表3-13に示す。一般家具と異なり研磨工程に多くの人力と時間を要する。口絵3.に仕上がり例を示す。

表3-13　車両の木部内装品の塗装工程例

No.	工程	使用塗料とその処理	塗装方法	塗り回数	塗膜厚(μm)	乾燥条件
1	生地修正	突き板合板の割れをパテ埋めする。	へら			常温 4時間
2	素地調整	P240ペーパーで研磨する。均一な表面とし，汚れを除去，打痕などを補修する。	―	―	―	―
3	素地着色	環境対応型ステイン	スプレー	1		常温 3時間
4	下塗り	無黄変形2液形ポリウレタン樹脂塗料 ウッドシーラー 主剤，硬化剤，シンナー	スプレー	3	20	常温 4時間
5	上塗り	紫外線吸収剤入ポリエステル樹脂クリヤ	スプレー	6	800	常温 48時間
6	研磨	P400ペーパー	―	―	―	―
7	研磨	P600ペーパー	―	―	―	―
8	つや出し研磨	綿バフ，研磨剤	―	―	―	―
9	仕上げ	ワックス				

2.2.4 建材

　ここでは，玄関ドアとフローリングについて説明する。

（1）仕上がりに必要とする条件

a. 玄関ドア

　一般に外観，保護については前述の楽器類と共通するが，外気の作用を受けるために次の点も強調される。

　① 塗装系は強固に付着しはがれないこと。

② 光沢が変化しないこと。
③ 変色しないこと。
④ 塗膜や素地が割れないこと。
⑤ 腐れやかびが発生しないこと。

b．フローリング

① 耐摩耗性に優れ，靴の底の土砂で塗膜が擦り減ったり，いすや家具で傷が付かないこと。
② 耐汚染性に優れ，食品などの汚れが付着しにくいこと。また汚れが除去しやすいこと。
③ 耐熱性に優れ，床暖房の熱やストーブの熱で塗膜の表面に割れが生じないこと。

(2) 塗装工程

a．玄関ドアの塗装

玄関ドアの塗装系は，下塗りから上塗りまで無黄変形ポリウレタン樹脂塗料が使用される。その工程例を表3-14に示す。

表3-14 玄関ドア

素材＝ナンヨウスギ無垢

No.	工程	使用塗料とその処理	塗装方法	塗り回数	塗膜厚(μm)	次工程までの乾燥条件
1	素地調整	P240ペーパーで研磨する。均一な表面とし，汚れを除去，打痕などを補修する。	—	—	—	—
2	素地着色	2液形ポリウレタン樹脂塗料 カラークリヤ 主剤，硬化剤，シンナー	スプレー	1	10	50℃ 1時間
3	研磨	P320ペーパーで研磨	—	—	—	—
4	補色下塗り，押さえ下塗り	2液形ポリウレタン樹脂塗料 カラークリヤ 主剤，硬化剤，シンナー	スプレー	2	30	50℃ 1時間
5	研磨	P320ペーパーで研磨	—	—	—	—
6	下塗り	2液形ポリウレタン樹脂塗料 サンディングシーラー 主剤，硬化剤，シンナー	スプレー	3	60	50℃ 1時間
7	研磨	P400ペーパーで研磨	—	—	—	—
8	上塗り	2液形ポリウレタン樹脂塗料 つや消しクリヤ 主剤，硬化剤，シンナー	スプレー	1	20	50℃ 1時間

b．床材（フローリング）の塗装

特に耐摩耗性，耐汚染性が要求されるフローリング材への塗料は，木工用として配慮されたUV（紫外線）硬化塗料であり，工程例を表3－15に示す。UV硬化方式を採用した塗装工程を第4章の図4－47に示すので参考にされたい。広い面積の工業塗装で，塗装法はロールコータ，乾燥はUV硬化法により，完全にライン化されいてる例である。木質系フローリングは，建築基準法のホルムアルデヒド発散材料として，一定の使用制限が定められている。本塗装系は，ホルムアルデヒド対策工程である。

表3－15　フローリングの塗装工程例

素材＝オーク化粧材

No.	工程	使用塗料とその処理	塗装方法	塗付量	乾燥条件
1	素地調整	P240ワイドベルトサンダによる。	—	—	—
2	素地着色	ワイピングステイン	スポンジロールコーター	—	常温 10秒
3	補色下塗り	ポリウレタン樹脂塗料 カラークリヤ 主剤，硬化剤，シンナー	ロールコーター	10g/m²	80℃ 30秒
4	下塗り	紫外線硬化形樹脂塗料 サンディングシーラー	ロールコーター	30g/m²	水銀灯1つにつき5m/分
5	研磨	P400ワイドベルトサンダによる。	—	—	—
6	上塗り	紫外線硬化形樹脂塗料，つや消しクリヤ	ロールコーター	20g/m²	水銀灯1つにつき5m/分

2．3　漆による伝統工芸仕上げ

漆を塗ることを塗漆という。漆を塗った製品は縄文時代の出土品の中からも多く見られる。
また記録によると奈良時代当時から行われていた塗漆の方法は，現在とあまり違いがなく，そのころすでに漆を塗る技術が確立されていた。

(1) 塗漆の種類

長い伝統を背景とする塗漆の種類は，図3－4に示すように極めて多く，また奥が深い。

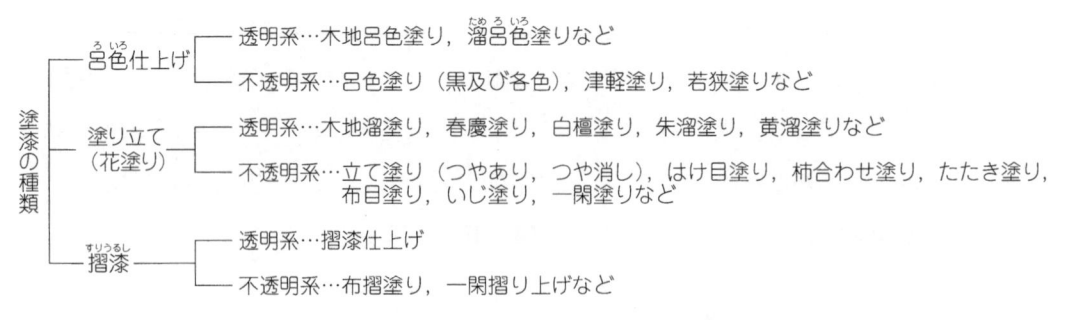

```
塗漆の種類 ─┬─ 呂色(ろいろ)仕上げ ─┬─ 透明系…木地呂色塗り，溜呂色塗りなど
           │                    └─ 不透明系…呂色塗り（黒及び各色），津軽塗り，若狭塗りなど
           ├─ 塗り立て(花塗り) ─┬─ 透明系…木地溜塗り，春慶塗り，白檀塗り，朱溜塗り，黄溜塗りなど
           │                   └─ 不透明系…立て塗り（つやあり，つや消し），はけ目塗り，柿合わせ塗り，たたき塗り，
           │                               布目塗り，いじ塗り，一閑塗りなど
           └─ 摺漆(すりうるし) ─┬─ 透明系…摺漆仕上げ
                               └─ 不透明系…布摺塗り，一閑摺り上げなど
```

寺田晃・小田圭昭・大藪泰・阿佐見徹：「漆－その科学と実技－」理工出版社（1999）

図3－4　塗漆の種類

(2) 塗漆の工程

塗漆の工程は，漆器の産地により多種多様であるが，基本的には表3－16に示すように，木地調整→木地固め→布着せ→下地→塗り→呂色(ろいろ)仕上げの順に進められる。塗りの工程で終了した場合には塗り立て仕上げと呼び，磨き工程を入れた仕上げを呂色仕上げと呼ぶ。塗漆仕上げの断面図を図3－5に，33からなる基本工程を表3－16にそれぞれ示す。

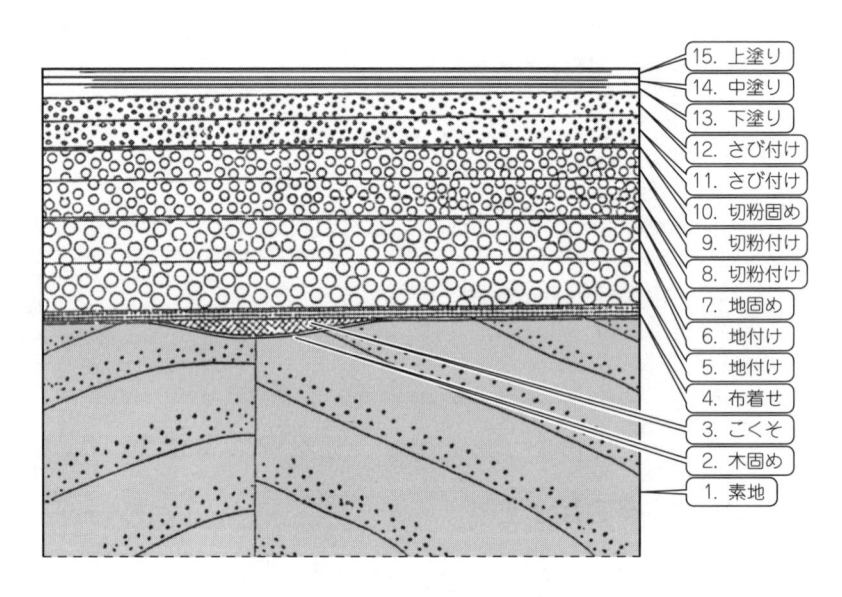

層	名称
15.	上塗り
14.	中塗り
13.	下塗り
12.	さび付け
11.	さび付け
10.	切粉固め
9.	切粉付け
8.	切粉付け
7.	地固め
6.	地付け
5.	地付け
4.	布着せ
3.	こくそ
2.	木固め
1.	素地

沢口悟一・沢口滋著「日本漆工の研究」(1966) 美術出版社

図3－5　漆下地工程断面図

表3-16 漆塗装法の基本

作業の分類	作業の件名	作 業 の 工 程	
1．下ごしらえ	素地固め	1. こくそ彫り	：素地の損傷部，接合部，凹み部分を小刀などで彫る。
		2. 木固め	：素地全体に生漆をすり込む。
	こくそ（刻苧）	3. こくそかい込み	：こくそ彫りした部分にこくそ漆を充てんする。
		4. 引き込み地付け	：こくその乾燥後やせて凹んだ部分に切粉地を付ける。
		5. 引き込み地研ぎ	：砥石に水を付け素地面一杯に研ぎ付けて平たんな面とする。
	布着せ	6. 布着せ	：麻布や寒冷紗などをのり漆で張る。
		7. 布目ぞろえ	：乾燥後布の面を砥石で平たんに削りそろえる。
		8. 布目むら直し	：荒砥で布の表面を空研ぎをする。
		9. 布目摺り	：布目にさび漆をへらで付ける。
2．下地の構成	地の粉下地付け	10. 地下付け	：地粉，水分，生漆を混ぜ合わせた下地をへらで付ける。
		11. 地上付け	：10と同じ（ただし，空研ぎして）。
		12. 地研ぎ	：荒砥で水を付けながら研ぐ。
		13. 地固め	：研ぎ上がった面に生漆をすり込む。
	切粉下地付け	14. 切粉下付け	：地粉，砥の粉，水分，生漆を混ぜ合わせた切粉地をへらで付ける。
		15. 切り粉上付け	：14と同じ（ただし空研ぎして）。
		16. 切粉研ぎ	：荒砥で水を付けながら研ぐ。
	さび下地付け	17. 切粉固め	：研ぎ上がった面に生漆をすり込む。
		18. さび付け	：砥の粉，水分，生漆を混ぜ合わせたさび下地をへらで付ける。
		19. さび研ぎ	：中砥石を使って水を付けながら研ぐ。
		20. さび固め	：研ぎ上がった面に生漆をすり込む。
3．塗込み	下塗り	21. 下塗り	：下塗り漆を用いて漆ばけで塗る。
		22. 下塗り研ぎ	：朴炭，静岡炭で水を付けながら平滑に研ぐ。
	中塗り	23. 中塗り	：中塗り漆を用いて漆ばけで塗る。
		24. 中塗り研ぎ	：21と同じ。
	上塗り	25. 上塗り	：呂色漆を用いて漆ばけで均一に塗る。
		26. 上塗り研ぎ	：静岡炭で水研ぎを行い，仕上げは呂色炭を使って水研ぎをする。
4．研磨仕上げ（呂色仕上げ）	研磨	27. 砥の粉胴摺り	：油砥の粉（砥の粉と種油を混ぜたもの）を綿布に付けて磨く。
		28. 摺漆	：生漆を綿に付けてすり込み，もみ紙でふき取る。
		29. 磨き	：塗面に薄く種油を引いて，砥の粉と角粉（チタン白を用いることが多い）を混ぜた粉末を手に付けて磨く。
	つや上げ	30. 摺漆	：生漆を綿に付けてすり込み，もみ紙でふき取る。
		31. 磨き	：種油をわずかに塗面に引いて角粉（又はチタン白など）で磨く。
		32. 摺漆	：生漆を綿に付けてすり込み，もみ紙でふき取る。
		33. 磨き	：31と同じ。

平山敏文 作成（2005）

2．3．1 漆による各種塗り技法

漆仕上げの基本的な方法に呂色仕上げと塗り立て仕上げがある。呂色仕上げは磨き仕上げを行うが，塗り立ては上塗りのみで仕上げる。

（1）呂色仕上げ

無油の漆（素黒目漆，スグロメ漆ともいう）又は色漆で上塗りし，静岡炭で下研ぎ，呂

色炭で仕上げ研ぎ，さらに胴摺りを行い，炭の研ぎ足を完全に消した後，摺漆(日本産の生漆を使う)を薄く全体にすり込み，漆風呂に入れ，乾燥後に角粉やチタン白粉と種油で余分の摺漆を磨き取るようにつやを上げる。この作業を3回程度繰り返す。この一連の作業を呂色仕上げという(表3－16参照)。

a．木地呂塗り

ケヤキなど木目の美しい木材を使い，目止め処理後，透けのよい素黒目漆を塗り→炭研ぎ→胴ずり→呂色仕上げによる木地を生かしたつやのある仕上げ法である。

b．輪島塗り[*1]

我が国の有名な漆器で，本格的な下地の上に豪華な蒔絵や沈金などの加飾を施した高級品である。呂色仕上げと加飾技法を併用した漆仕上げである。

木地はこの地方特産のアテ(ヒバ)を使い，下地は輪島地の粉を使い粗いものから細かい下地へと本格的な漆下地がつくられてきた。

c．津軽塗り[*2]（口絵9．各種変わり塗り）

青森県弘前地方を中心に生産される漆器で，その始まりは元禄年間とされる。江戸時代の鞘塗りから発展した産地技法であり，絞漆や菜種を使った研出し法による変り塗りである。布着せ本堅地を施した下地は手間をかけた仕上げで，丈夫で耐久性がある。仕上げ技法には主に4種類あり，唐塗りと呼ばれる仕掛けべらでつくった斑点模様を核にした抽象模様塗りが代表的なもので，津軽塗りがこの唐塗りを示すこともある。このほかに菜種を蒔き，乾燥後に払い落として凹凸模様を付ける七子塗り，つや消しの黒を基調とした紋紗塗り，紗綾型と唐草を配した錦塗りなどがある。

これらの技法はいずれも凹凸面に色漆，透漆，銀箔を使い，平面に研ぎ出して仕上げる呂色仕上げである。

d．若狭塗り

福井県若狭地方の産地技法である。卵殻や微塵貝を蒔き，色漆，透漆，銀箔を使い，斑点模様を付け，呂色仕上げを行う。

(2) 塗り立て仕上げによるもの

a．溜塗り

ヒノキ材などの木地面に，目止めを行った後，褐色味の強い溜漆(透漆)を2回塗って，塗立てで仕上げる。溜漆の下にほんのり木目が見える。

[*1]：沢口悟一，沢口滋 著「日本漆工の研究」(1966) 美術出版社による。
[*2]：色材協会編「塗料用語辞典」(1993) 技報堂出版による。

b．春慶塗り

透明度の高い春慶漆（透漆）を塗り立てて仕上げる。木地を黄色で染めた黄春慶，紅色に染めた紅春慶がある。岐阜県高山市の飛騨春慶が有名である。

c．白檀塗り

中塗り研ぎ面に生漆を擦り込んで吸い込みを止め，金箔又は銀箔を生漆で張って，上から透明な漆を塗って仕上げる。下の箔が見える状態が貴重な香木の白檀に似ているためか，この名が付いた。

d．朱溜塗り，黄溜塗り

中塗りに朱漆や黄漆を塗り，半透明な赤褐色の濃い溜漆を塗り立てる。漆を通して下の朱や黄漆の塗膜がほんのり見える。朱漆を使ったものを朱溜漆，弁柄漆の場合を紅溜塗り，黄漆を使った場合を黄溜塗りと呼んで区別する。

e．立塗り（花塗り）

各種漆の塗り工程だけを施して仕上げたものをいい，呂色仕上げと対比して呼ぶ。

f．はけ目塗り

上塗り漆に卵白などを混ぜ，粘度の高い絞漆をつくり，中塗り面に硬いはけで塗る。塗ったはけ目の跡が残るため，はけさばきが重要なポイントとなる。色漆を使って行うことが多い。

g．柿合わせ塗り

ケヤキなどの木目のはっきりした木地を使い，柿渋を数回下塗りした後，漆で上塗りを行う。木地の木目の部分が漆を吸い込み，木目がはっきりと残ることから目はじき塗りとも呼ばれる。

h．一閑塗り

江戸時代に飛来一閑が考案し，茶器に用いたことからこの名が付いたといわれている。木地に薄美濃紙などの和紙を張り，漆を薄く塗り，紙肌を残して塗り上げる。紙肌を品良く，効果的に見せるのがポイントである。

（3）摺漆仕上げによるもの

a．摺漆仕上げ

ケヤキなど木目の美しい材料を使い，目止め処理後，生漆を数回から10数回すり込み仕上げる。

生漆の代わりに透漆や梨子地漆を用いて，仕上げの色や肌に変化を付けることもできる。

b．布摺塗り*

布着せ後にさび漆を薄くすり込む通常より薄い布目摺りを行った後，色漆を数回すり込んで仕上げる。使う布によって様々な趣が得られる。箱や盛器などに使われ，端の部分を幅10mm程度さび漆で盛り上げ，黒漆で塗り立て額縁のようにする切りさび技法と併用する場合が多い。

c．一閑摺り上げ

布摺塗りの布の代わりに紙を張って色漆をすり上げて仕上げる。

d．漆工加飾技法

漆工加飾技法には，次のような種類がある。

① 蒔絵，金銀粉を蒔いて仕上げた技法：平蒔絵，高蒔絵，研出蒔絵，肉合研出蒔絵，地蒔き
② 貝や金貝（金属の板）を利用した技法：青貝，螺鈿，平文，平脱
③ 彫りを中心にした技法：沈金，存清，蒟醬
④ 彫刻彫りを中心とした技法：彫漆，鎌倉彫，村上堆朱
⑤ その他の技法：漆絵，箔絵，堆錦

例えば，平蒔絵は，弁柄を練った「絵漆」を使用して，蒔絵用の筆で文様を描き，その上に細かい金粉などの蒔絵粉を蒔き乾燥後，蒔絵粉を固定するために摺漆を行い，磨き上げて仕上げる最も基本的な蒔絵法である。蒔絵の塗膜構成の断面図及び，その仕上り外観の一例を口絵10.に示す。

歴史の古い漆による技法は実に深遠であり，また複雑で，一筋縄で理解できるようなものではない。現在においては，漆による仕上げに類似した仕上がりを与えるカシュー塗料を用いた変り塗りがあり，次項にとり上げるので，これらを通じてその理解の一端とされたい。

2．4 カシュー漆による変り塗り

カシュー塗料は，漆と比較していろいろな特徴がある。本項では，カシューを活用した変り塗りについて説明する。

a．津軽塗り（口絵9．各種変わり塗り）

津軽地方で行われている塗装の方法である。漆の場合は，動物性たん白質の卵白を漆に混ぜて粘っこい液状にした絞漆をつくり，これで凹凸の模様を付け，この上に色漆を何回

＊：沢口悟一，沢口滋 著「日本漆工の研究」（1966）美術出版社による。

も塗り重ね，最後に研ぎ出し塗膜を平滑にして磨いて仕上げる。この絞漆で凹凸の模様をつくることを仕掛けという。カシューを使用する場合は，絞漆の代わりにカシュー黒サーフェーサーと下地を混合し，絞立てを行う。その工程を表3－17に示す。

表3－17　カシューによる津軽塗りの塗装工程

工程	使用材料	標準配合	使用量	乾燥時間	作業方法
素地研磨	P240研磨紙				
素地固め	カシュー透	カシュー透…100 カシューシンナー…50	0.06kg/m²	12時間以上	丸めたウエスですり込む。
絞立て	カシュー黒サーフェーサー下地2号	カシュー黒サーフェーサー…2部 下地2号…1部		24〜48時間	はけ又はへらで塗布後タンポで反転しながら全面に模様
研磨	砥石又はP240研磨紙				研磨紙の場合はあてゴムなどを使用
中塗り①	カシュー朱色	カシュー朱色…100 カシューシンナー…30	0.1kg/m²	24時間以上	全面に塗るはけ塗り
中塗り②	カシュー緑色	カシュー緑色…100 カシューシンナー…30	0.1kg/m²	24時間以上	適当に部分的に塗り分けるはけ塗り
中塗り③	カシュー赤色	カシュー赤色…100 カシューシンナー…30	0.1kg/m²	24時間以上	適当に部分的に塗り分けるはけ塗り
中塗り④	カシュー銀色	カシュー銀色…100 カシューシンナー…30	0.1kg/m²	24時間以上	全面に塗るはけ塗り
中塗り⑤	カシュー溜色	カシュー溜色100/黒10 カシューシンナー…30	0.1kg/m²	24時間以上	全面に塗るはけ塗り
研出し	P320耐水研磨紙で粗研ぎ				模様を見ながら
	P400耐水研磨紙で中研ぎ				模様を見ながら
	P600耐水研磨紙で仕上げ研ぎ				模様を見ながら
上塗り	カシュー淡透	カシュー淡透…100 カシューシンナー…30	0.1kg/m²	24時間以上	はけ塗り又はスプレー塗装
研磨	P600研磨紙				
仕上げ塗り	カシュー淡透	カシュー淡透…100 カシューシンナー…30	0.1kg/m²	24時間以上	スプレー塗装
（必要に応じて磨き作業）	耐水研磨紙（P800〜P1200）/コンパウンド（中目・細目・極細・超微粒子）				塗り立てでもよいが，肌合いを整えてつやを出す場合は，コンパウンドを使用して磨き仕上げる。

繁昌孝二 作成（2005）

b. 根来塗り（口絵9.各種変わり塗り）

根来塗りは，下塗りにカシュー黒エナメルを塗り，乾燥後水研ぎして平滑な面をつくり，中塗りに朱色エナメルを塗り，乾燥後平滑に水研ぎし，ところどころを下塗りまで研ぎ出して模様をつくり，カシュークリヤを上塗りして仕上げる。

工程を表3−18に示す。下塗りと上塗りの色を反対にした仕上げを逆根来塗りという。

表3−18 カシューによる根来塗りの塗装工程例

工程	使用材料	標準配合	使用量	乾燥時間	作業方法
素地研磨	P240研磨紙				
素地固め	カシュー透	カシュー透…100 カシューシンナー…50	0.06kg/m²	12時間以上	丸めたウエスですり込む。
下塗り	カシュー黒サーフェーサー	カシューサーフェーサー…100	0.15kg/m²	12時間以上	はけ塗り又はスプレー塗装
研磨	P280研磨紙				
中塗り①	カシュー黒	カシュー黒…100 カシューシンナー…30	0.1kg/m²	24時間以上	はけ塗り又はスプレー塗装
研磨	P320研磨紙				
中塗り②	カシュー透	カシュー透…100 カシューシンナー…30	0.06kg/m²	約20分放置	スプレー塗装
	カシュー朱色	カシュー朱色…100 カシューシンナー…30	0.06kg/m²	24時間以上	スプレー塗装
研磨(模様出し)	P400耐水研磨紙/P600耐水研磨紙				耐水研磨紙で朱色塗膜を部分的に研ぎ出し黒色を出す。
上塗り	カシュー透又はネオクリア	カシュー透（又はネオクリ）…100 カシューシンナー…30	0.1kg/m²	24時間以上	スプレー塗装
(必要に応じて磨き作業)	耐水研磨紙（P800〜P1200）/コンパウンド（中目・細目・極細・超微粒子）				塗り立てでもよいが，肌合いを整えてつやを出す場合は，コンパウンドを使用して磨き仕上げる。

繁昌孝二 作成（2005）

c. 七子塗り（口絵9.各種変わり塗り）

カシューによる七子塗りの工程を表3－19に示す。

表3－19　カシューによる七子塗りの塗装工程例

工　程	使用材料	標準配合	使　用　量	乾燥時間	作業方法
素地研磨	P240研磨紙				
素地固め	カシュー透	カシュー透…100 カシューシンナー…50	0.06kg/m²	12時間以上	丸めたウエスですり込む（薄目にスプレー塗装でもよい）。
下塗り	カシュー黒サーフェーサー	カシュー黒サーフェーサー…100 カシューシンナー…30		12時間以上	はけ塗り又はスプレー塗装
研　磨	P240研磨紙				
模様付け	カシュー濃黄 粟粒又は菜種	カシュー黒…100 カシューシンナー…30	0.1kg/m²	24時間以上	はけ塗り又はスプレー塗装でカシュー濃黄を塗装後、直ちに粟粒又は菜種を全面に蒔く。
粟粒取り				24時間以上	カシュー濃黄の塗膜が乾燥後、へらなどを使用して粟粒を完全に取り払い、さらに乾燥時間を十分に取る。粟粒の表面の薄皮が残る場合は、針などで丁寧に取り除く。
研　磨	耐水研磨紙 P600～800				目立つ突起を落とす程度に軽めに水研ぎを行う。
中塗り	カシュー透2部/カシューこげ茶1部	カシュー2色混合…100 カシューシンナー…30	0.1kg/m²	24時間以上	はけ塗り又はスプレー塗装（薄目がよい）
模様研ぎ出し	耐水研磨紙 P600～800				当てゴムなどを使用しながら、模様が平均的になるよう注意して研磨する。
上塗り	カシュー透又はネオクリア	カシュー透（又はネオクリア）…100 カシューシンナー…30	0.1kg/m²	24時間以上	凹凸の状態により、上塗りを2～3回乾燥を挟みながら繰り返す。はけ塗り又はスプレー塗装
（必要に応じて磨き作業）	耐水研磨紙（P800～P1200）/コンパウンド（中目・細目・極細・超微粒子）				塗り立てでもよいが、肌合いを整えてつやを出す場合は、コンパウンドを使用して磨き仕上げる。

繁昌孝二 作成（2005）

d．蒔貝研ぎ出し塗り（螺鈿(らでん)）

夜光貝，あわび貝，白蝶貝，メキシコあわび貝を加工して一定の厚みにしたものを用いて任意の形に切り，漆器にはめ込んだり，塗り込み後研ぎ出したりすることで意匠を表現する漆加飾法である。一般に薄貝（0.07mm）を中塗り面に張り，上塗り後研ぎ出して仕上げた技法を青貝塗りとも呼び富山県高岡地方の漆器が有名である。厚貝（1〜2mm）をはめ込む技法を螺鈿(らでん)といい，螺は巻き貝を意味し，鈿は埋め込むことである。カシューによる仕上げ工程を表3−20に示す。

表3−20　カシューによる蒔貝（螺鈿）研ぎ出し塗りの塗装工程例

工程	使用材料	標準配合	使用量	乾燥時間	作業方法
素地研磨	P240研磨紙				
素地固め	カシュー透	カシュー透…100 カシューシンナー…50	0.06kg/m²	12時間以上	丸めたウエスで擦り込む。
下塗り	カシュー黒サーフェーサー	カシュー黒サーフェーサー…100 カシューシンナー…30		12時間以上	はけ塗り又はスプレー塗装
研磨	P240研磨紙				
貝蒔き	カシュー黒 青貝（みじん）	カシュー黒…100 カシューシンナー…30	0.1kg/m²	24時間以上	はけ塗り又はスプレー塗装でカシュー黒を塗装後，直ちに筒などを使用して貝を蒔く。
中塗り	カシュー黒	カシュー黒…100 カシューシンナー…30	0.1kg/m²	24時間以上	はけ塗り又はスプレー塗装，乾燥させてから2〜3回繰り返す。
研磨	耐水研磨紙 P320〜600				目立つ突起を落とす程度に軽めに水研ぎを行う。
上塗り	カシュー黒	カシュー黒…100 カシューシンナー…30	0.1kg/m²	24時間以上	はけ塗り又はスプレー塗装でカシュー黒を塗装後，直ちに筒などを使用して貝を蒔く。
研磨	耐水研磨紙 P600〜1200				当てゴムなどを使用しながら，貝の模様が平均的になるよう注意して研磨する。
磨き	コンパウンド（中目・細目・極細・超微粒子）				鏡面光沢になるようメリヤスウエスを使用してしっかり磨く（ネオクリアをスプレー塗装してから磨いてもよい）。

繁昌孝二 作成（2005）

e．鏡面仕上げ塗り

表3-21にカシューによる鏡面仕上げ塗りの工程を示す。漆塗り技法での磨き上げで仕上げる呂色仕上げに相当する。

表3-21　カシューによる鏡面エナメル仕上げ

工程	使用材料	標準配合	使用量	乾燥時間	作業方法
素地研磨	P240研磨紙				
パテ付け	カシュー下地2号	下地2号をそのまま	0.3kg/m²	24時間以上	へら付け（薄目に2～3回乾燥を挟んで行う）
研　磨	P240研磨紙				
下塗り	カシュー黒サーフェーサー又はカシューねずみサーフェーサー	カシューサーフェーサー…100 カシューシンナー…30	0.15kg/m²	12時間以上	はけ塗り又はスプレー塗装
中塗り	カシュー黒サーフェーサー又はカシューねずみサーフェーサー	カシューサーフェーサー…100 カシューシンナー…30	0.15kg/m²	12時間以上	はけ塗り又はスプレー塗装
研　磨	P320～P400研磨紙				
上塗り	カシュー塗料エナメル各色の中から選択	カシューエナメル…100 カシューシンナー…30	0.1kg/m²	24時間以上	はけ塗り又はスプレー塗装
研　磨	P400研磨紙	完全に平らの手触りを確認			
仕上げ塗り	カシュー塗料エナメル各色の中から選択（又はネオクリア）	カシューエナメル（又はネオクリア）…100 カシューシンナー…30	0.1kg/m²	24時間以上	スプレー塗装
（必要に応じて磨き作業）	耐水研磨紙（P800～P1200／コンパウンド（中目・細目・極細・超微粒子）				塗り立てでもよいが，肌合いを整えてつやを出す場合は，コンパウンドを使用して磨き上げる。

繁昌孝二 作成（2005）

第3節　塗装の経費

　他の一般の仕事と同様に木工塗装は，塗装作業の工程手順，塗装方法，塗料の種類，各工程ごとに必要な塗装状態に配合された塗料の被塗物の形状によるロスを含む所要量とその単価及び塗り回数，工程間の放置時間，仕上がりの状態を詳しく明示する仕様書と設計図の対比によって進められる。

　これに基づく見積書は，その塗装契約での大切な書類である。また工費算定の基礎ともなる。

　工費は，材料費，労務費，運搬費，機材償却費，作業経費，営業費，利益金などからなり，各事業所内での取り決めによるものであり，ここでは塗料代と労務費を合計したものを塗装経費とみなす。使用する塗装系によって異なるが，工場出荷時の製品価格に対しての塗料代は一般に表3－22の割合といわれている。例えば，50万円のピアノ1台について，不飽和ポリエステル樹脂で仕上げた場合の塗料代は，表3－23に示す7,000円であり，それに必要な塗料代は，1台当たり，

・黒エナメル仕上げは，約20,000円

・木目を生かした着色仕上げは，約28,000円

したがって，塗料代＋塗装代の経費は，1台当たり27,000円〜35,000円程度となる。

表3－22　木工製品価格中に占める平均的な塗料代

木工製品	製品価格中に占める塗料代（％）
タンス	6〜10
いす	3
ボード類	10
テーブル	5
2段ベッド	3

表3－23　不飽和ポリエステル樹脂塗料によるピアノ1台当たりの使用量と塗料代

工程	使用量(kg)	塗料単価(円/kg)	塗料代(円)
下塗り，中塗り	6〜7	200〜250	約2,000
上塗り	7	700	5,000
合計	—		7,000

木工塗装に使用する塗料類の市場調査価格の平均的な値を取り上げ（表3-24），同一塗装回数，塗り付け量で試算した例を表3-25に示す。

硝化綿樹脂塗料（ラッカー）のみと，ポリウレタン樹脂塗料のみで仕上げた場合の塗料代の比較で，両者の加熱残分を考慮して，同一の塗膜厚に換算すると，見掛け上高価なポリウレタン樹脂系の方が経済的になる。

表3-24 塗装時の塗料代の単価例

系	種別	名称	塗装時の配合質量比（kg）	単価（円/kg）	価格（円）	配合単価（円）	塗装時の配合の加熱残分（％）
油性系	着色剤	ワイピングステイン	1	875	875	813	70
		塗料用シンナー	0.1	195	19.5		
		合計	1.1	—	894.5		
硝化綿ラッカー系	下塗り	ウッドシーラー	1	813	813	608.5	14
		ラッカーシンナー	1	404	404		
		合計	2	—	1,217		
	中塗り	サンディングシーラー	1	625	625	514.5	14
		ラッカーシンナー	1	404	404		
		合計	2	—	1,029		
	上塗り	クリヤラッカー	1	625	625	514.5	14
		ラッカーシンナー	1	404	404		
		合計	2	—	1,029		
ポリウレタン樹脂塗料系	下塗り	木工用ポリウレタンシーラー（A：B＝2：1）	1	1,083	1,083	767	17.5
		ポリウレタン用シンナー	1	431	431		
		合計	2	—	1,514		
	中塗り	木工用ポリウレタンサンディングシーラー（A：B＝1：1）	1	875	875	708.5	21.8
		ポリウレタン用シンナー	0.6	431	258.6		
		合計	1.6	—	1,133.6		
	上塗り	木工用ポリウレタンクリヤ（A：B＝2：1）	1	1,083	1,083	838.5	21.8
		ポリウレタン用シンナー	0.6	431	258.6		
		合計	1.6	—	1,341.6		

表3－25 木工製品m²当たりの塗料代の算出例（ラッカー系及びポリウレタン系樹脂塗料の比較試算例）

工程	使用塗料	希釈比 100：χ	加熱残分 (%)	塗装回数	使用量 (kg/m²)	塗料単価 (円/kg)	塗装塗料代（円）		塗膜厚（μm）	
							ラッカー	ポリウレタン	ラッカー	ポリウレタン
着色	ワイピングステイン	$\chi=10$	70	1	0.1	813	81.3	81.3	—	—
下塗り	ラッカーウッドシーラー	100	14	1	0.15	608.5	91.3	—	15	—
下塗り	木工用ポリウレタンシーラー	100	17.5	1	0.15	757	—	113.5	—	22
中塗り	ラッカーサンディングシーラー	100	14	2	0.30	514.5	154.3	—	32	—
中塗り	木工用ポリウレタンサンディングシーラー	60	21.8	2	0.30	708.5	—	212.5	—	55
上塗り	ラッカークリヤ	100	14	2	0.30	514.5	154.3	—	32	—
上塗り	木工用ポリウレタンクリヤ	60	21.8	2	0.30	838.5	—	251.4	—	55
合計		—	—	—	—	—	481.2	658.7	79	132
備考	この試算には，塗装時のロスは含んでおらず，その製品の形状によって各事業所で算出すべきものである。上記m²当たりの所要価格を10μmの塗膜厚に換算すると，ラッカー609円，ポリウレタン樹脂塗料499円であり，後者は割り安となる。									

　塗装による木工製品の仕上げ方には，多様なニーズに応じた塗装材料の選択と，その塗装工程の組み方が大切である。木工塗装の工程は多工程に及び，各工程における不具合は必ず仕上がりに反映されるので念入りにチェックしながら行う。

　伝統工芸である漆による工程は，木工塗装の原点であり，仕上がり外観は，一般の塗装材料では達し得ない水準であり，その奥深さを学ぶことも大切である。

= 練 習 問 題 =

1．次の問に答えなさい。
（1）道管の大きいナラ，ケヤキ，センなどの広葉樹環孔材に対して木理の美しさを強調させたい。適切な塗装仕上げ法は次のうちどれか。
　①　オイルフィニッシュ　　②　オープンポア仕上げ　　③　クローズポア仕上げ
　④　エナメル仕上げ
（2）外部に使用される木製品を着色仕上げする場合の着色剤として，最も適切なものは次のうちどれか。
　①　油溶性染料着色剤　　②　塩基性染料着色剤
　③　透明性顔料着色剤　　④　有機溶剤可溶性着色剤

2．次の文について，正しいものには○を，誤っているものには×を付けなさい。
（1）スチールウールによるつや消し仕上げを行う場合，0000番より00番を用いる方がよい。
（2）ピアノの塗装仕上げにはオイルフィニッシュが適する。
（3）クリヤラッカーの仕上げの水研ぎに使用する耐水研磨紙としては，P600以上の細かい番手が適する。
（4）玄関ドアの塗装には，黄変形2液形ポリウレタン樹脂塗料を使用することができる。
（5）フローリングの塗装は，UV（紫外線）硬化形の透明塗料が使用されるが，柔軟性でその感触がよいからである。
（6）ダイニングテーブルの上塗りつや消しクリヤは，耐傷付き性を配慮した方がよい。
（7）木工塗装での塗料代の算出は，
　①　必要とする塗膜厚と塗り回数
　②　塗装時の塗料（希釈された塗料）の単価
　③　対象物の塗装方法によるロス（％）
　を配慮することである。
（8）漆塗りの代表的な仕上げ技法に呂色仕上げがあるが，これは磨きをしない漆を何回もすり込んで仕上げる技法である。
（9）鏡面磨き仕上げにおいて，最後に使用するコンパウンドは極細目がよい。
（10）木工塗装において塗装系のリーチングアウト効果とは，工程に使用する塗料の持つ特長を互いに生かしてよい仕上がりを導く効果である。

第4章　塗装作業法

> **キーポイント**
> ① よい塗装をするためには，十分な作業管理が必要となる。とりわけ，素地調整及び養生作業は重要である。
> ② 古くから行われてきたはけ塗りは，どのような製品でも簡単に塗装できる方法であり，塗装の基本でもある。はけの種類や塗り方を理解しよう。
> ③ 機器塗装には，スプレー塗装やカーテンフローコーター，ロールコーターなどがあるが，その特徴を理解して被塗物や塗装仕様にあった塗装法を選択することが重要である。
> ④ 塗装ブースやエアコンプレッサ，乾燥炉などの塗装設備や周辺機器の保守管理（メンテナンス）は，よい塗装をするために重要である。

第1節　養　　　生

　木製品における養生とは，被塗物又は周囲の物体が塗装する際に傷にならないように保護することと，塗料が付着してはならない周囲の物体を被覆して，周囲の汚染を防止する手段・方法のことである。広い意味では，塗り立て後の塗膜乾燥中の状態も養生という。

1．1　養生作業方法

　木工塗装に用いられる養生材は，マスキングテープと養生紙である。マスキングテープは木工塗装に限らず用いられる紙製の粘着テープで，幅12mmから50mmのものが使用され，養生紙には粘着材が塗布されている専用紙やポリエチレンシート，新聞紙などが使用される。

　養生紙を使って養生する場合は，図4－1に示すとおり，区画線にテープだけを張り付けた後，テープの半分を張り付けた養生紙を重ねる。簡便な方法として，テープの半分を張り付けた養生紙を直接被塗物に張ったり，はけ塗りの場合にはテープだけで養生することもある。テープは，すき間がないように被塗物に密着させることが必要である。素地への浸透がよい溶剤系の着色剤や塗膜着色剤は，小さなすき間から色がにじみ出ることがあ

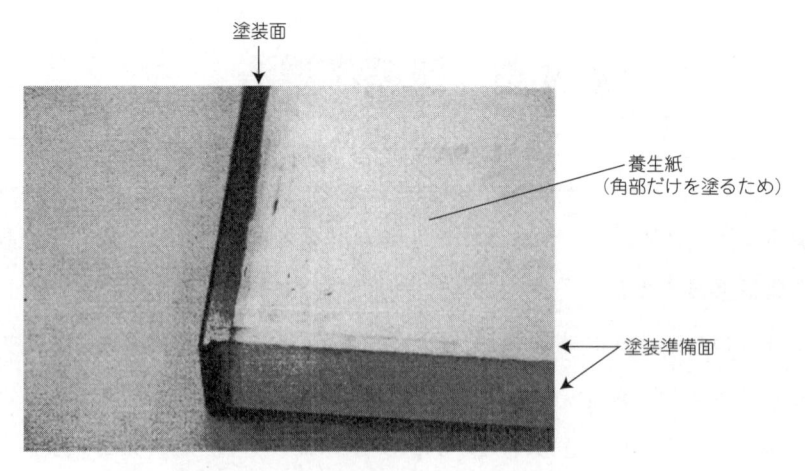

図4－1　養生の方法

り，スプレーによる吹付け塗装では塗料ミストが入ってマスキング面を汚すからである。

　テープをはがすときは，塗料が指触乾燥になったら早めにはがす方がよいが，あまり早くはがし過ぎると境界にたれが生じることがあり，また，乾燥し過ぎてからはがすとテープ周辺の塗膜が欠けることがある。

1．2　塗り立て後の養生

　塗装作業には，素地や塗膜の研磨，目止めの作業による粉じんが必ず出るので，乾燥場所を別途用意することが望ましい。特に，乾燥が遅い塗料やミラースムーズ仕上げ，エナメル塗装などのほこりが目立つ塗装ではほこり対策が必要である。また，作業者の服装にも注意する。吹付け作業には帯電対策をした（導電性のある）帽子・服や靴を身に着ける。

第2節　はけ塗り・へら付け

2．1　はけ（刷毛）塗り

　はけ塗りは古くから行われてきた塗装方法であり，被塗物の形態に対しても適用範囲が広く，簡単な器具で塗装ができる。しかし，熟練した技能がなければ美しく仕上げることができない。

（1）はけの形状

　はけの形状には大別して，ずんどう（寸筒）ばけ，すじかい（筋違）ばけ，平ばけがある。

　また，はけには用途に応じた特徴があり，塗装作業に及ぼす影響は次のとおりである。

① 毛質の硬さ：粘度の高い塗料には，毛質の硬いものがよく，粘度の低い塗料には，柔らかい毛のはけが使用される。
② 毛先の長さ：毛先の長さが短いほど粘度の高い塗料を塗り広げるものに適している。
③ 毛の厚さ：はけ幅が同じときは，毛の部分が厚いほど塗料の含みがよく，また厚く塗料を塗ることができる。
④ はけの幅：はけ幅は広いほど作業能率がよいが，技能者の疲労度も大きい。

(2) はけの原毛の種類

はけに使用される原毛は，大部分が動物の毛が用いられ，わずかに合成繊維が用いられている。その種類は，馬，羊，豚，牛，人毛などであり，このうち最も多く用いられるのは馬毛と羊毛である。

a. 馬　毛

馬毛は，その採取部位により毛質が異なり，あまお（天尾），振り毛，腹毛，足毛などに類別される。

あまおは，尾の付け根の部分の毛で，馬毛のうちでは最上とされ，ずんどうばけの主原毛となる。振り毛はたてがみの毛であり，先毛を使用したものが良品となり，ずんどうばけの混毛として，またすじかいばけとして用いられる。腹毛は胴部の毛で柔らかく，一般の油性塗料用には適さない。足毛は足のひずめの後の毛で，主に豆はけ（竹柄はけ）と呼ばれる小さなすじかいばけに使用される。

b. 羊　毛

毛質が柔らかく，ちぢれているので，塗料の含みがよく，粘度の低いクリヤラッカーや水性塗料などの塗装に適している。背，あご，尾部の毛が使われる。

c. 山羊毛

あごの毛が用いられる。毛質が柔らかく腰が弱い。塗料の含みがよいので，ラッカーばけ，水性ばけなどに用いられる。

d. 豚　毛

毛は太く，腰が非常に強いが，毛の先端が2～3筋に分かれているため，腰は強くて先端が柔らかいのが特徴である。粘度の高い油性ワニスにはそのまま使用するが，多くの場合に混毛用とし，腰の調子を変化させるのに使用される。

e. 人　毛

かもじといわれ，毛質は強く，漆ばけとして使用される。

(3) 主なはけの種類

はけの種類は多く，用途，毛質，形状，大きさなどで分けられているが，主なものを表4－1に示す。

表4－1 主なはけの種類

名　称	毛　質	はけ幅(mm)	厚さ(mm)	毛丈(mm)	一般名	使用塗料（用途）
ずんどうばけ	馬尾毛，振り毛（黒色又は茶色），熊毛	40～52	25～31	50～66	ペイントばけ	油性ペイント，合成樹脂調合ペイント，油性エナメル，合成樹脂エナメル
平ばけ	馬足毛，腹毛（黒色又は茶色）	90～150	18～25	45～60	水性ばけ	水性ペイント，エマルションペイント，揮発性ワニス，しぶ，にかわ引き
平ばけ	馬尾毛，振り毛，豚毛（黒色又は茶色）	28～130	10～25	30～60	ワニスばけ（金巻きばけ）	油性ペイント，油性ワニス，油性エナメル，合成樹脂塗料
平ばけ	馬尾毛，振り毛	50～90	18～25	55～65	むら切りばけ	（油性塗料の仕上げ塗り）
平ばけ	ヤギ毛，羊毛（白色又は灰色），ウサギ毛	30～115	8～15	16～30	人形ばけ	揮発性ワニス，しぶ，にかわ引き
丸ばけ	馬尾毛，豚毛（黒色）		10～60	55～90	ちりばけ（ダスター）	（塗装面の清掃用）
丸ばけ	ヤギ毛，羊毛		9～15	50～80	毛棒	（塗装面の清掃用，金属粉の蒔付け用）
漆ばけ	人毛（黒褐色）	15～90	5～12		漆ばけ	（漆，下地塗料）
すじかいばけ	馬尾毛，振り毛，足毛，腹毛（熊毛）	30～65	8～25	25～45	ペイントばけ	油性ペイント，合成樹脂ペイント，油性エナメル，油性ワニス，合成樹脂塗料
すじかいばけ	馬尾毛，振り毛，豚毛	30～90	7～20	26～45	ワニスばけ（金巻きばけ）	油性ワニス，油性ペイント，合成樹脂塗料
すじかいばけ	ヤギ毛，羊毛（白灰色），ウサギ毛	30～115	10～25	25～45	ワニスばけ（ラックばけ）	揮発性ワニス，ニトロセルロースワニス，合成樹脂塗料
すじかいばけ	馬振毛，足毛，腹毛，熊毛（黒又は茶）	9～26	6～12	20～35	竹柄ばけ	油性ペイント，合成樹脂ペイント
すじかいばけ	馬足毛，タヌキ毛，キツネ毛（黒又は茶，黄褐色）	30～90	5～18	10～30	肉薄ばけ	合成樹脂エナメル，カシュー塗料，黒焼き付け上塗り塗料

a．ずんどうばけ

馬毛が用いられ，主として調合ペイントのような粘度の高い塗料を塗るのに用いる。腰が強く，塗料の含みがよいので壁面など広い面の目止め作業などにも適している（図4－2）。

b．馬毛のすじかいばけ

主として，ずんどうばけの補助として，狭い部分，隅，際などの塗り分け用に使用され

る。通常は、ずんどうばけ、3cmと1.5cmのすじかいばけの3本を一組に準備して作業する。2.5cm以下のすじかいばけは竹柄ばけとも呼ばれ、細物の塗装や、塗り分けなど細かな作業に使われる（図4－3）。

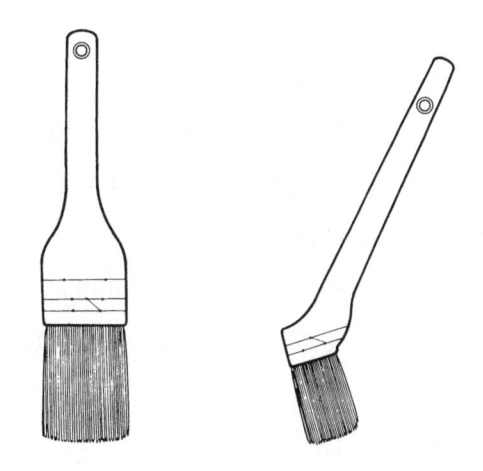

c. 白毛のすじかいばけ

速乾性の透明塗料など粘度の低い塗料を塗るときに使用する。毛質が柔らかく、塗料の含みもよい。羊毛が使われるところから白ばけと呼ばれる。また、クリヤラッカーのはけ塗りに主に用いられるのでラッカーばけともいう。用途はこのほか着色用もあるが、毛の厚みや幅により選択している（図4－4）。

図4－2　ずんどうばけ　図4－3　すじかいばけ

d. 平ばけ

このはけは主に壁面のような広い面積のところに使用する。

使用する毛質は、調合ペイント用には馬毛が用いられ、水性塗料のように粘度が低いものには羊毛が用いられる。寸法は6cm、9cm、15cmなどと大きい（図4－5）。

図4－4　白毛のすじかいばけ

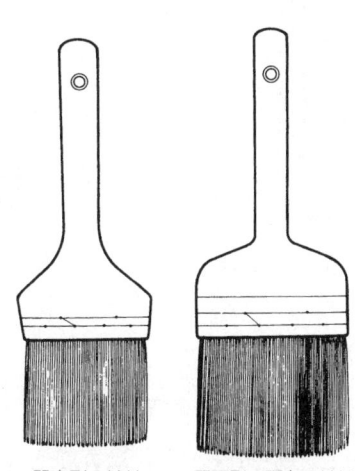

関東形のはけ　関西形の肩丸のはけ

図4－5　平ばけ

(4) その他のはけ

a. ダスターばけ

用途は掃除用であり，研磨面や汚れ面のほこり払いに用いられる。形状は洋式の丸ばけか平ばけが多い。毛質は馬毛の下級品が主に用いられる。

b. ナイロンばけ

このはけの特徴は，繊維の太さが根元から毛先まで同じであるため，動物の毛のような弾力が得られず，特別な塗装用，又は強酸，強アルカリ処理，薬品着色の一部などに使うとよい。

c. 漆ばけ

美術工芸品などに塗られる漆専用のはけで，人毛が使用されている。漆塗りのほかには，特殊な高粘度の合成樹脂塗料の塗装にも使用されることがある（図4－6）。

d. 洋式ばけ

洋式ばけは，接着剤で毛の根元を固め，つか木に接着し，ブリキ板や鉄線又は銅線で巻いて固定してある。

形状は，丸ばけ，平ばけの2種類で，つかの握りの部分に丸味を持たせてある（図4－7）。

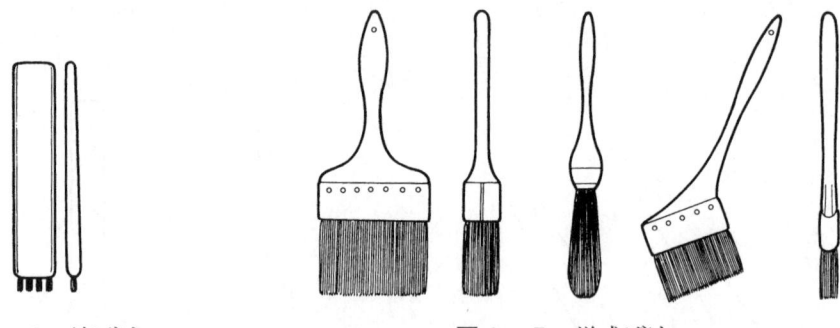

図4－6 漆ばけ　　　　　　　図4－7 洋式ばけ

e. 各種の筆類

筆は，文字書き用と絵筆とがあり，用途は文字書き，絵塗りのほか，はけの補助具として用いることがある。形状は丸筆と平筆があり，用途によって画筆，ペイント筆，面相筆，蒔絵筆，線引き筆などがある。

（5） はけの選び方

はけを選ぶには，

① 毛質がそろっている。

② 切れ毛，脱毛がない。

③ 手触りがよく，水を含ませて振っても毛先が割れない。

ことが大切である。

次に選び方の基準を具体的に示す。

a．毛質の部分

毛を束にして固く握り，毛の先端をほおなど柔らかい皮膚に触れてみる。握ったときの手触り，肌触りが柔らかく，皮膚にちくちくした感じのないもので，毛先をもんで毛質がしっとりした弾力性のある，しかも抜け毛や切れ毛の少ないものがよい。

b．つかの部分

銅線による締まりがよく，つか（柄）の割れがなく，つかの握り具合のよいものを選ぶ。特にすじかいばけの場合は，つかと毛部との角度が適当なものがよい。

（6） 新しいはけの取扱い

新しいはけを使うときは，事前に次の措置を施すことが必要である。

① 毛には，選別のときに使った灰やもみがらが付いているので十分に払い落とす。

② はけに塗料を十分に含ませて，荒木板上で軽くこすり，抜け毛を取り除く。

③ へらによる突き出しを，毛の根元から3〜5回ほど繰り返し，ほこりやごみを塗料と一緒にしごき取る。

（7） 使用後のはけの処置

塗装後のはけの手入れを怠ると，はけの寿命に関係するだけでなく，毛割れを起こしたり，毛にくせがつくので，正しい処置をしなければならない。

a．油性塗料を使用した後のはけの処置

はけに含んだ塗料をへらで突き出してから，あまに油などの中へ毛部を浸せきしてつるしておく。毎日使用するものはあまに油の代わりに水を使う。何か月も使用しないときは溶剤で洗浄して，乾燥後防虫剤とともに容器に入れておく。

b．ラッカーやセラックニスを使用した後のはけの処理

ラッカーばけはラッカーシンナーで，セラックニスの場合はアルコールで，それぞれ洗い，図4−8のような密閉できる容器に入れて保管する。長期間の保存時には，洗浄を数回行い，風通しのよい所へつるしておくか，又は防虫剤と一緒に箱に入れておく。

c. エマルション塗料の使用後のはけの処置

作業終了の都度，水で洗って，陰干しをする。

d. 合成樹脂塗料を使用した後のはけの処置

反応硬化形塗料を使用した後で，薄め液又は同系の洗浄シンナーで十分に洗い，石けん水で再度繰り返し洗う。粘性が少しでも残っているはけは，後日硬化して使えなくなる。洗浄後は，陰干しで乾燥させ，風通しのよい所へつるすか，防虫剤入りの箱に保管する。

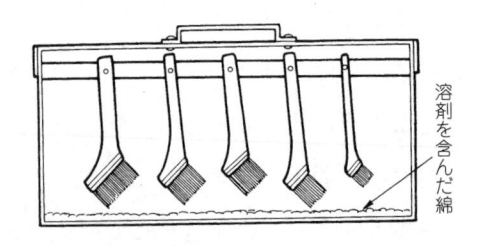

図4-8 クリヤラッカー類に使用するはけ保存容器

e. 漆　ば　け

はけに含んだ漆を片脳油又はテレビン油をつけながらへらで突き出し，最後に種油をつけておく。次に使用する際には漆をつけながら十分に油をへらで突き出す。

(8) はけ塗りの方法

a. 塗る方法

はけの持ち方には特に決まりはないが，

① 動作がしやすい。
② 長時間の作業に疲れが少ない。
③ 適度の力が毛先きにかけられる。
④ はけを持ちやすい。
⑤ 手や衣服を汚さない。

図4-9 はけの持ち方

などの条件から，一般には，つかの中心か，その少し上部を持つことが多い（図4-9）。

b. 塗る順序

平らな広い面の作業では，被塗物面の右上方から始めて，左下方で終わるようにするとよい。

箱など形状が複雑なものは，塗りにくい部分，塗り残しやすい部分，裏側などから塗り始め，平面，正面，上面など人目につくところを最終に塗ると仕上りがよく，傷も付きにくい。

細かいものは，隅の部分を先に塗るとよい。

c. 塗料の含ませ方（図4-10）

　はけの含みとは，はけの中に塗料を保持することであり，塗装しているとき，毛先へ徐々に塗料が補給できる状態を表している。はけの含みがよいとは，多量の塗料がはけに保留して，塗装時には毛先への補給が円滑で多量にできることである。

　はけに塗料を含ませるときには，次のことに注意する。

① 塗料を含ませるとき，塗料容器の塗料中に，はけの先端から$\frac{2}{3}$ぐらい入れ，容器の縁で塗料がたれない程度に先端部の塗料を軽くしごく。

② 塗料を含ませる量は，塗る面積を考えて適量にする。多過ぎるとたれや流れが塗装時に生じやすい。

③ はけ先の手もと側に含ませる。

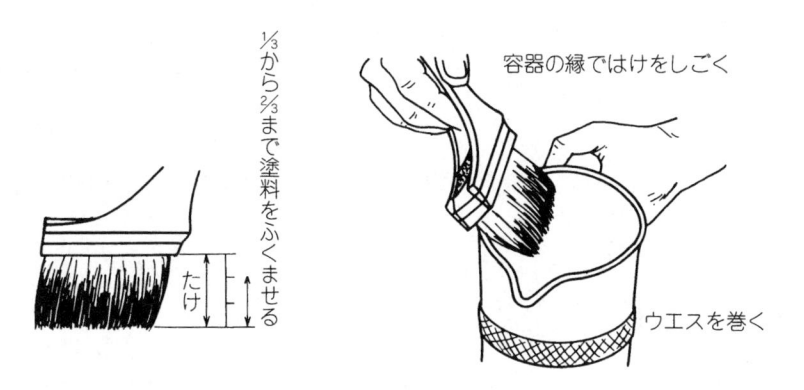

図4-10　塗料の含ませ方

d. はけさばき

　乾燥の速い塗料の場合は，手早く塗ることが大切である。ラッカーやセラックニスの場合は，薄く塗る必要があり，1はけの塗り面積を狭くし，きまりをつけるように，木理方向に塗り進め，1回の塗料の含みで2はけぐらいのはけさばきを行いながら塗り進める。

　図4-11の㋑の点から塗り始め，㋺の点まで来たらはけを軽く抜き，㋩の点から軽く入り㊁の点まで来たら軽く抜く。もし塗面に欠陥が生じても追加ばけはせず，乾燥後に修正する。下の塗膜は溶解しやすいので，できるだけ移動の回数は少なくし，塗料を置いていくような気持ちではけの運行を進める。

　乾燥の遅い油性系塗料の油性ワニスやエナメ

図4-11　ラックニス，ラッカーの塗り方

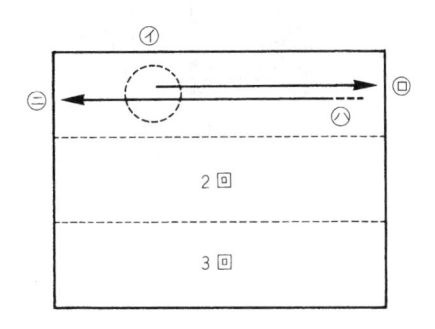

ルの塗り方は図4－12に示すように，塗料を配る（図①），むらきり（図②），仕上げ（図③）の3段階で行う。

図①は，塗料を含んだはけを中央㋑へ置き，㋺まで進んでから㋩へ引き返す。その際の中央部の塗料のたまりを引き延ばす。

図②は塗料を平均に引き延ばし，塗り残しのないようにする。図③は，平らな面にはけ目を残さないようはけを軽く動かす。

はけの含みは常にたれない程度に，塗料缶の内側などを利用して調整しておくとよい。塗装中，たれや流れができたときは，しごいたはけですばやく軽くなでておく。

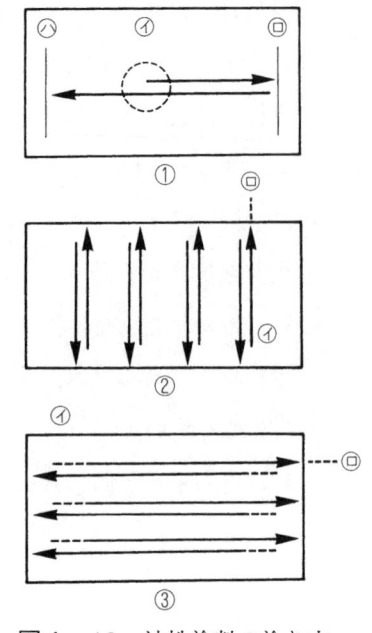

図4－12 油性塗料の塗り方

被塗物に対し，塗る順序と塗り継ぎ，塗り終りに無理のないよう計画的に行うことが大切である。

2.2 へら付け

へらは，目止め剤やパテ，こくそなどを塗り付けるために用いるほか，漆などの塗料を塗り付けたり，目止め剤を練ったりするために用いる。

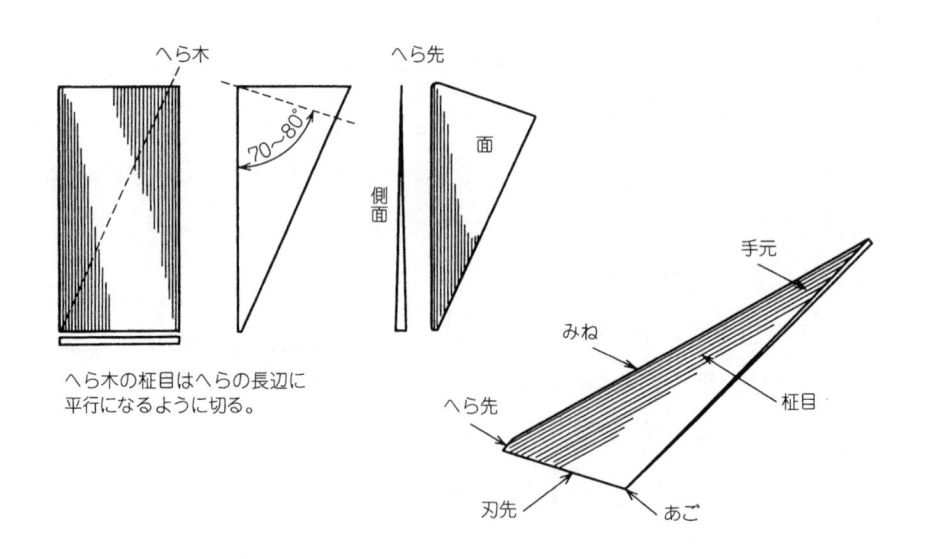

図4－13 木べらの作り方

(1) へらの種類

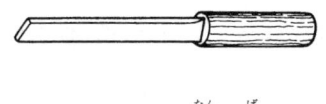

へらには，材質により，木べら，プラスチックべら，金べらなどがあり，塗布面積，部位によってへらの種類，形状，大きさを使い分ける。木べらは古来よりよく用いられてきたが，現在では圧倒的にプラスチックべらの方が多い。

図4-14　丹波（たんば）

木べらには，一般にはヒノキが用いられるが，こくそを飼うのにニレや竹製のものもある。ヒノキ製のへらは，長さ30cm程度の柾目材を図4-13のように切り，丹波（たんば）（塗師小刀，図4-14）やかんなで削りながら弾力（腰の調子）を調整してつくる。プラスチックべらでは腰の強さが異なる2種のタイプ（ソフトとハード）が市販されており，技能者が使いやすいタイプを選んで使う。刃先は常にまっすぐにしておき，刃先の一部が欠けたときや傷付いたときには，平らなガラス板にP400～1000程度の研磨紙を張り，よくすり合わせて修正する。

金べらは腰が強いので，粘度が高い目止め材の塗布や練りなどに使う。

(2) へら付け法

へら付けは，塗料を塗布しやすい粘度に希釈し，均一な厚みに塗布するために，まず80°ぐらいに立てて塗り始め，次第に傾けて塗布していく（図4-15（a））。

目止め材の塗布に当たっては，図(b)のように，繊維と直角方向に図(a)よりも低い角度で引きながら，あごから余分な目止め材を出しながら塗り継いでいく。小さな傷などを拾ってこくそやパテを飼うときは，余分なところに付着させないように注意する。

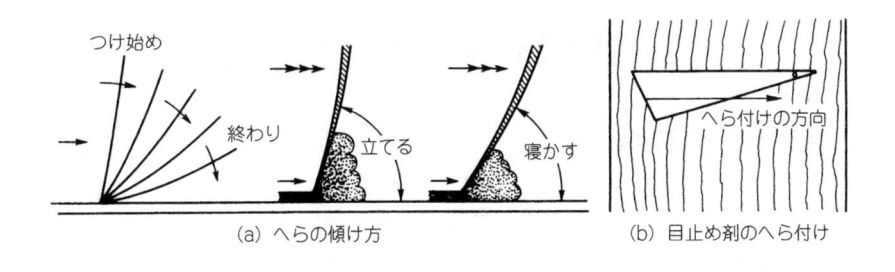

(a) へらの傾け方　　(b) 目止め剤のへら付け

図4-15　へら付けの方法

2.3　たんぽずり

塗装で使用するたんぽは図4-16（a）に示すように，さらし木綿で青梅綿を包んだ30～50mmの大きさのものである。薄めたラッカークリヤやセラックニス（5％以下に希釈）をたんぽに含ませて塗面を摩擦する。初めは図(b)のように円弧を描きながら，後には図(c)のように直線の方向に磨いていく。

たんぽずりの目的は塗面の平滑化とつや出しである。ラッカーやセラックニスのようなチョコレートタイプの上塗り塗面の仕上げに用いられる技法であるが，たんぽずりのできる技能者が少なくなっている。上塗り面に生じている低い所やピンホールのある箇所には塗料を充てんし，高い所はすり減らして，平滑で光沢のある塗装面にする仕上げ方法である。この技法は，すでに塗られている塗膜を再溶解させるので，反対に塗面を傷付けることもあり，あらかじめ練習してから本番に備えることが大切である。

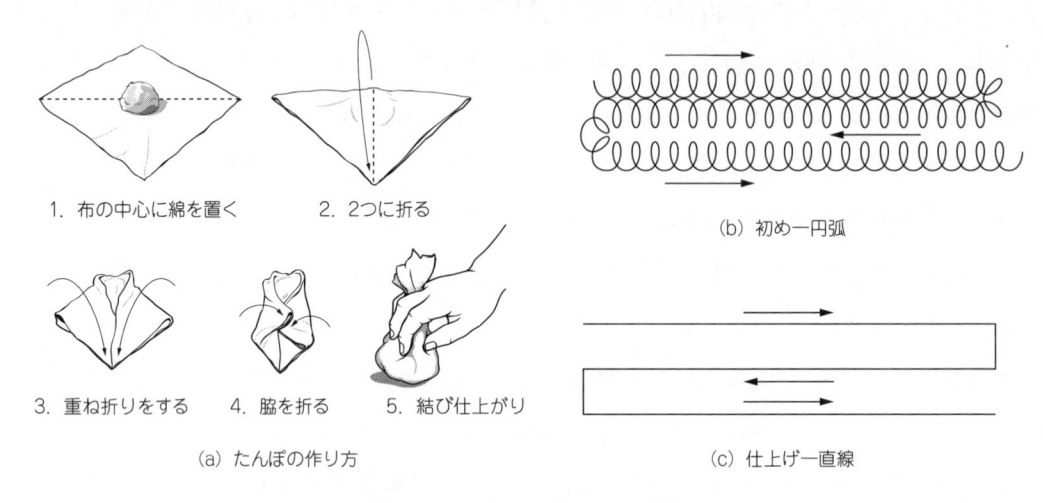

1. 布の中心に綿を置く　2. 2つに折る　　　　(b) 初め一円弧
3. 重ね折りをする　4. 脇を折る　5. 結び仕上がり
(a) たんぽの作り方　　　　　　　　(c) 仕上げ一直線

図4－16　たんぽとたんぽずり

第3節　機器塗装

3．1　塗装方法の分類

塗装とは，塗料容器に入っている塗料を何らかの方法を用いて，被塗物（塗ろうとしている物）の表面へ移行塗布することであり，その方法を大別すると，

① 塗料をそのままの状態で被塗物へ移行する方法
② 塗料を一度「霧状」にして移行する方法

がある。

それらを細分化すると，「はけ塗り」，「ローラ塗り」，「電着塗装」，「カーテンフローコーター」，「浸せき塗装」などが①の方法であり，「エアスプレー塗装」，「エアレススプレー塗装」，「静電スプレー塗装」などが②の方法である。これらの方法には，それぞれ長所と短所がある。

一例を挙げると，作業スピードでは，カーテンフローコーターが最も速くおよそ100m/minであるのに対し，はけ塗りが最も遅い。反面，カーテンフローコーターは，形状の制約を受けて板物でないと塗装できず，はけほどの自由度を持っていない。複雑な形状になると霧状で吹き付けるエアスプレー塗装が有利となる。また船体のように大きな面積を厚膜で塗る必要がある場合には塗り肌よりも作業性が優先するので，エアレススプレー塗装が適する。

これらのことから，個々の塗装機器を十分に理解し，塗装の目的，使用する塗料の粘度，作業性，被塗物の形状に適する最もよい方法を選択する必要がある。

3．2　エアスプレー塗装

口の内に含んだ水と肺の中にある空気を勢いよく吹き出すと霧になる（図4－17）。肺の中の空気すなわち気体と口の水（液体）を混合した結果が霧となったのである。実際には，コンプレッサで圧縮した空気と液体の塗料を混合させる機械がエアスプレーガンである。

ラッカーのような速乾性塗料の塗装手段として発展したものであり，作業性がよく，塗り上がりが美しいので合成樹脂塗料の塗装にも広く用いられ，各種の工業塗装に最も広く使われている。エアスプレー塗装は，図4－18に示すエアスプレーガンを用いて塗料を圧縮空気の力によって霧状にして塗装するので，塗料の種類や性質の違いに対する適応性が広く被塗物の大小，複雑な形状にも適用できるが，霧の飛散とオーバースプレーによる塗料の損失が大きい。

気体＋液体＝霧
（混合）

図4－17　エアスプレーの原理

エアスプレーガンは，空気と塗料の混合方式や塗料の供給方式により，次のように分類される。

3．2．1　エアスプレーガンの分類

（1）　混合方式による分類

a．内部混合式スプレーガン（図4－19（a））

スプレーガンの先端部において，塗料と圧縮空気がキャップ内部で混合され霧化される方式で，空気の役割は塗料を霧化するよりもむしろ被塗物まで運ぶことが主体となる。一般的に，空気キャップ内で微粒化を行うため均一な粒子を得ることが困難であり，建築用

(a) 外観

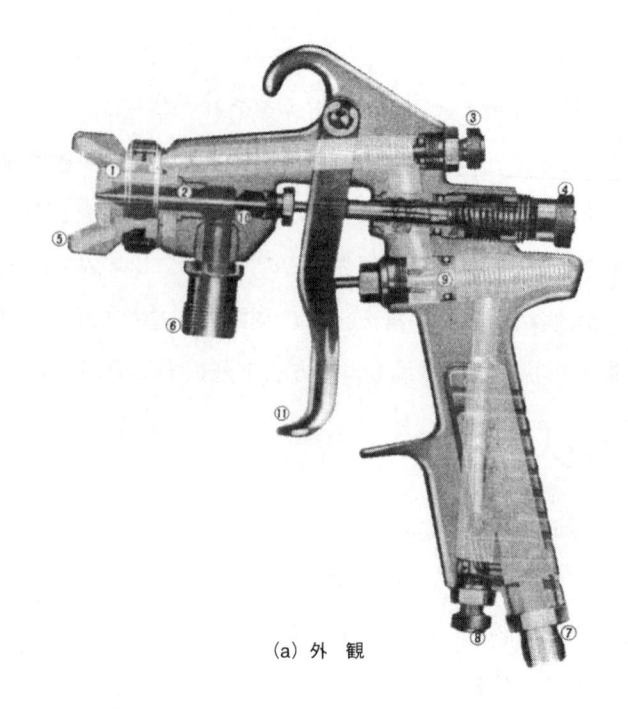

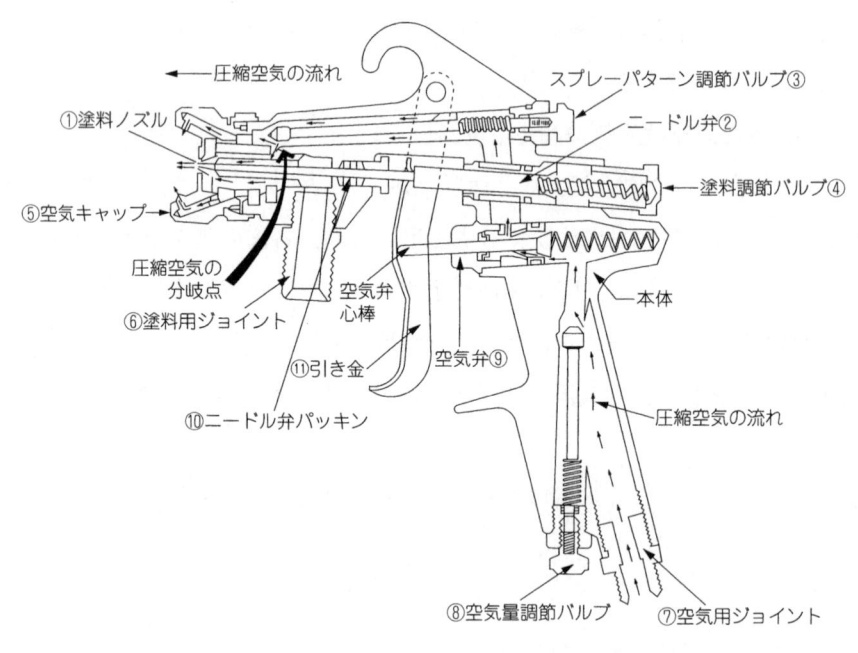

①塗料ノズル
⑤空気キャップ
圧縮空気の流れ
スプレーパターン調節バルブ③
ニードル弁②
塗料調節バルブ④
圧縮空気の分岐点
⑥塗料用ジョイント
空気弁心棒
本体
⑪引き金
空気弁⑨
⑩ニードル弁パッキン
圧縮空気の流れ
⑧空気量調節バルブ
⑦空気用ジョイント

(b) 断面

図4-18　エアスプレーガンの外観と断面

壁塗料や接着剤などの高粘度塗料や特殊塗料に用いられる。

b. 外部混合式スプレーガン（図4-19 (b)）

口から水を，鼻から空気を別々に出し，顔の前面で混合させる。人間にはこんなことは

できないが，スプレーガンでは，空気の出る穴と塗料の出てくる通路を別々にすることができる。スプレーガンの外で気体と液体を混合させ霧にしている。この混合方式を外部混合式スプレーガンという。

（a）内部混合式　　　　　　　　　　（b）外部混合式

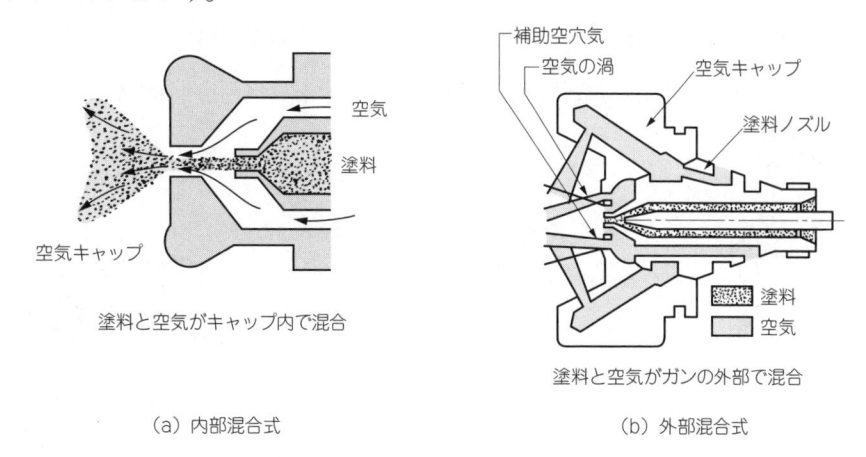

図4－19　塗料と空気の混合方式が異なるスプレーガン

塗料の霧化粒子の大きさは，塗料と空気量との容量比に支配され，一般に図4－20のような関係がある。例えば，霧化粒子の大きさを100μm（マイクロメートル＝0.1mm）以下にしたいとき，塗料1ccに対して，空気は600cc以上必要となる。この図より，粒子の大きさをさらに小さくしようとすると，必要な空気量が著しく増すことがわかる。すなわち，塗料ノズルの口径を小さいものに取り替えて空気圧を高めなければならない。

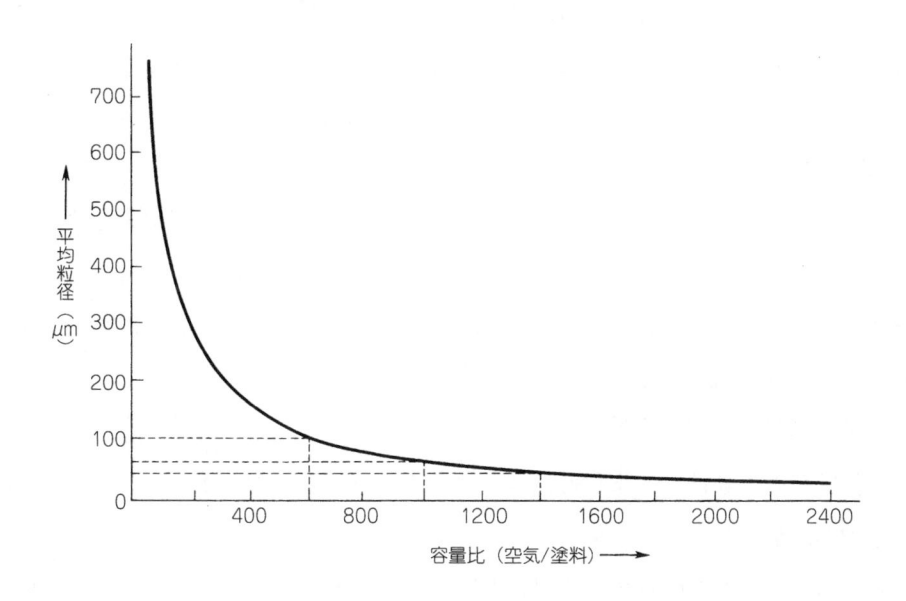

図4－20　霧化粒子の大きさに及ぼす空気／塗料の容量比

（2） 塗料の供給方式による分類（図4-21）

a. 重力式スプレーガン

塗料容器がスプレーガンの塗料出口より上の位置にあり，塗料の重さにより下に流れてくる方式が重力式である。容器の大きさは400cc程度が一般的であり，被塗物の色が多く色替えを頻繁に行う場合や小物塗装，小容量作業の場合に多く用いられる。

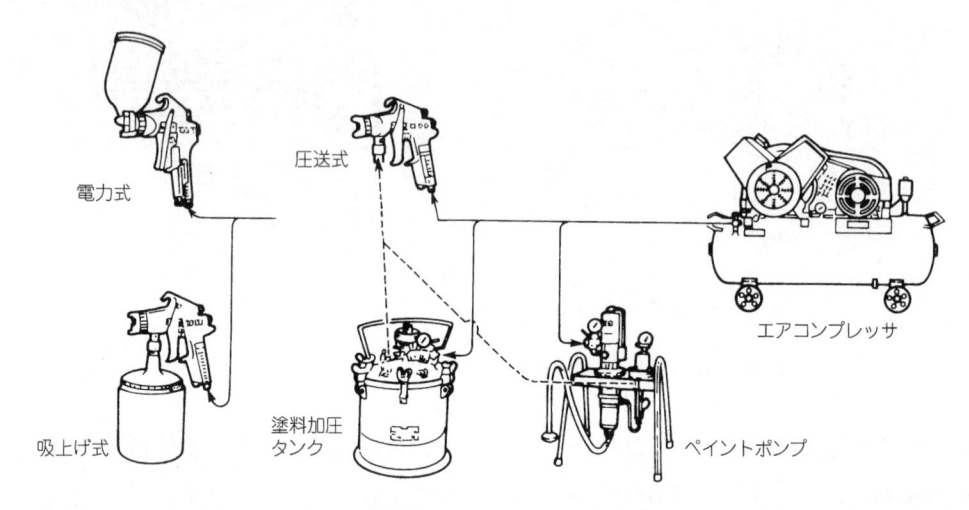

図4-21 塗料の供給方式によるエアスプレーガンの種類

b. 吸い上げ式スプレーガン

塗料容器がスプレーガンの塗料出口より下の位置にあり，塗料を吸い上げて霧化する方式である。塗料を吸い上げる原理は，霧吹きと同じで先端部から空気を勢いよく噴出すると，塗料通路が減圧された状態となるため下部にある塗料を吸い上げてくる。塗料容器の大きさは600～1000ccが一般的で，中・大物塗装に使われる。

c. 圧送式スプレーガン

塗り色がほとんど一定で，連続作業ならば圧送式スプレーガンを利用するのが最適である。この方式は，ポンプ又は加圧空気を利用した圧送タンクを用いて塗料を送り出し，塗料ホースを通ってエアスプレーガンまで圧送される。加圧力は，一般には水道の水圧と同じ程度で0.2MPa以下である。

3.2.2 スプレーガンの操作

吹付け塗装の基本条件は，吹付け距離，ガンの運行速度，塗り重ねの3つである。

a. 吹付け距離

被塗物とスプレーガンの距離（吹付け距離）は，一般的に大型スプレーガンの場合20～25cm，小型の場合15～20cm程度が適当である。吹付け距離が近過ぎると付着膜厚が厚く

なりたれやすくなる。反対に遠過ぎると塗料が飛散して塗膜が薄くなり，塗料の損失も多くなる。また，乾燥の速い塗料では塗面がざらつき，塗装面の光沢がなくなる。

b．スプレーガンの運行

スプレーガンの運行は，スプレーガンを被塗物に対して直角に保持し，吹付け距離を一定に保つように運行する（図4-22）。スプレーガンを傾けたり円弧状に動かしたりすると，塗膜厚が不均一になる。スプレーガンの運行速度は，30～60cm/秒程度とし，あまり速過ぎると塗膜厚が薄くなり，また遅過ぎると厚くなりたれを生じる。

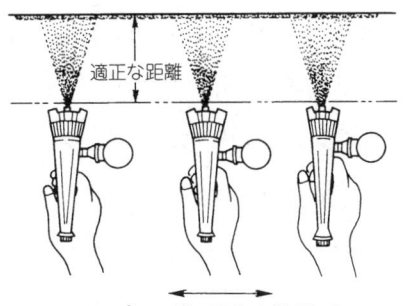

図4-22 スプレーガンの運行

c．塗り重ね

被塗物には図4-23（a）のように塗布されるので，平滑な塗面を得るためにオーバーラップさせて塗布する。塗り重ね幅は，塗布量，粘度，スプレーパターンによって異なるが，平吹きの場合はパターン幅の$\frac{1}{2}$程度とする（図(b)）。

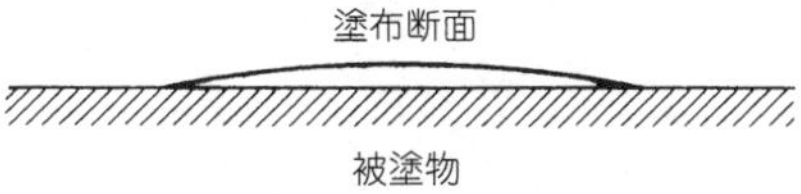

(a) エアスプレーガンの塗布断面図

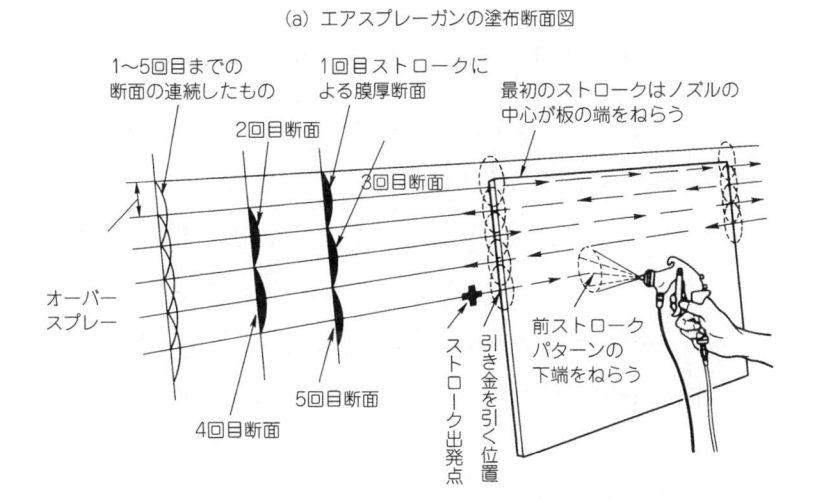

(b) 塗り重ね例

図4-23 塗り重ね

d. 被塗物の形状による運行

① 水平面の吹き付け

テーブルや甲板のような平面に吹き付ける場合は，最初に端を塗り，オーバースプレーの霧がすでに塗った面に付着して砂肌になるので，手前から吹く。

② 外側角や入隅の吹付け

外側角については，図4－24（a）に示すように角をねらって平吹きを垂直に用いて，やや速い速度で吹き付けるかパターンを小さくして吹き付ける。

内側角に向かって吹くと，塗粒がリバウンドして吹き付けられず膜厚が不均一になるので，図（b）に示すように左右の面ごとに分けて吹き付ける。

(a) 外側角の吹付け　　　　(b) 入隅部の吹付け

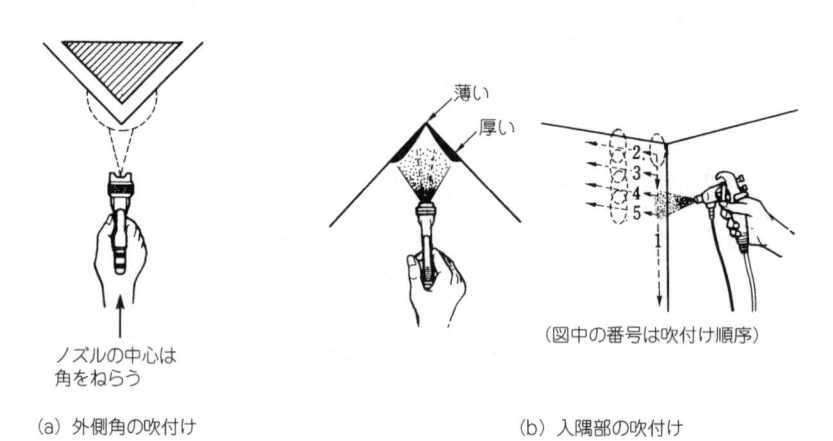

図4－24　角や入隅部の吹付け

3．2．3　スプレーガンの洗浄と手入れ

使い終わったスプレーガンの洗浄は大切な作業の1つである。まず，次の順序で洗浄する。

① 塗料カップ（重力式と吸上げ式）に残っている塗料を取り除く。
② シンナーを少し入れて，カップの壁面に付いている塗料を洗浄用はけで洗い落とす。
③ 空気キャップの中心空気穴をウエスで押さえてシンナーを逆流させて，塗料通路を洗浄する。
④ カップ内のシンナーを廃棄する。
⑤ もう一度シンナーを少し入れて，逆流させてから吐出する。
⑥ 塗料カップ，空気キャップを外す。
⑦ 空気キャップの中心空気穴が塗料ミスト（噴霧粒子）で詰まりやすいので，シンナー中に浸せきさせ，後に洗浄ブラシでよく洗う。

⑧ 塗料カップと本体の塗料通路をよく洗浄する。もし，本体側の通路が詰まっている場合には塗料調節ノブからニードル弁を取り外し，さらにノズルも取り外して，詰まっている塗料かすを取り除く。ニードル弁を取り外すときには，ニードルを曲げないように注意する。

洗浄を終えたら本体に部品をすべて取り付ける。ノズル口径とニードル弁は一対になっているので，組合わせを間違えないこと。またノズル先端部を変形させたり，傷を付けないように注意して工具でしっかり締め付ける。

次に，シンナーを入れて噴霧パターンが正常かどうかをチェックする。正常ならば，この状態で保管する。

長時間使用すると，ニードル弁パッキンが磨耗する。塗料の吐出が断続的になった場合には，外部から空気が混入しているので，スパナでニードル弁パッキンを少しずつ締めていく。締め過ぎると，引き金を引いて戻したとき，ニードル弁が復帰できず，塗料の吐出が止まらなくなる。この状態になった場合には，ニードル弁パッキンを新品と交換する。

3.3 塗装設備

3.3.1 空気圧縮機（エアコンプレッサ）

汎用タイプの空気圧縮機は，ピストンの上下運動によって空気を圧縮しているが，騒音や振動が大きいため，騒音の少ないロータリー式やスクリュー回転によって圧縮空気をつくり出すものもある。空気圧縮機外観図の一例を図4－25に示す。

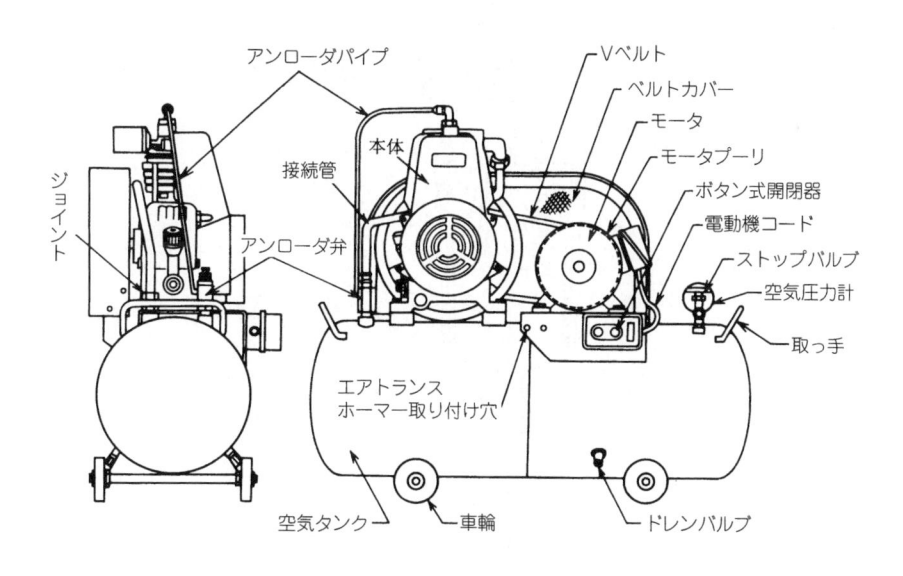

図4－25 空気圧縮機

(1) 空気圧縮機の構造

空気圧縮機は圧縮空気をつくる本体、圧縮空気をためるタンク、圧縮空気中の油や水分を除去して吐出圧力を一定とする空気清浄圧力調整器、本体を動かす電動機、空気タンク内の圧力を一定にする制御装置などで構成されている。

a. 本　　　体

本体はピストンの径と行程により大きさが決まり、排出圧力と回転数により所用動力が定められている。また、本体には、クランク軸、連接棒、ピストン、シリンダ、シリンダヘッド、吸・排気弁などがあり、内燃機関と類似している。

b. 空気タンク

ピストンの往復運動により、圧縮された空気は温度が高く、圧力の高低が著しいため、これを直接塗装に使用することはできない。そのため空気タンクに貯蔵して冷却し、また空気の脈動防止を図っている。

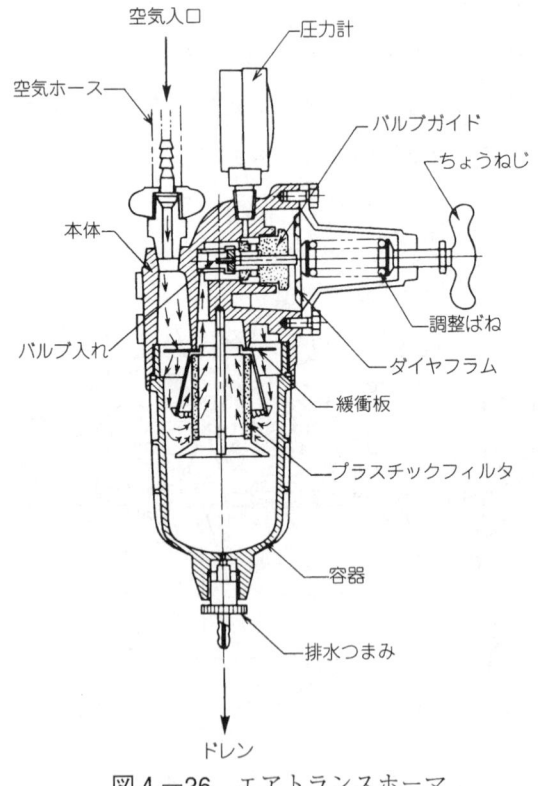

c. 空気清浄圧力調整器（エアトランスホーマ）

エアトランスホーマの構造を図4－26に示す。エアトランスホーマは、エアタンクとエアスプレーガンとの間に設置して、圧縮空気と圧縮空気中の水分や油分を除去する働きを

図4－26　エアトランスホーマ

すると同時に空気圧力の調整もしている。

排気弁通過後の圧縮空気は100～150℃の高温になり，空気タンクにたまると温度差があるためタンク壁面では結露しやすくなる。圧縮を中止して放置すると，圧縮空気が冷える。その結果，圧縮空気中の水蒸気が液体の水になり，タンクの下部にたまる。使用後は図4－27に示すタンクに付いているドレンバルブを開け，必ず水抜きをしておくことが大切である。

図4－27 使用後の水抜き用ドレンバルブ

(2) ピストン式空気圧縮機の保守・管理

日常点検においては，図4－28に示すように行う。

① オイルが規定量入っているかどうかを調べ，不足していれば補充する。また，オイルの色が汚れてきたら，オイルを入れ替える（図 (a)）。

② 圧縮機の回転方向が矢印と合っているかどうかを確認し，逆の場合には配線を変える（図 (b)）。

③ Vベルトが劣化したり，切れ目が入っていたら取り替える。ベルトの張りは図 (c) に示すように，通常15～20mm程度に調整する。

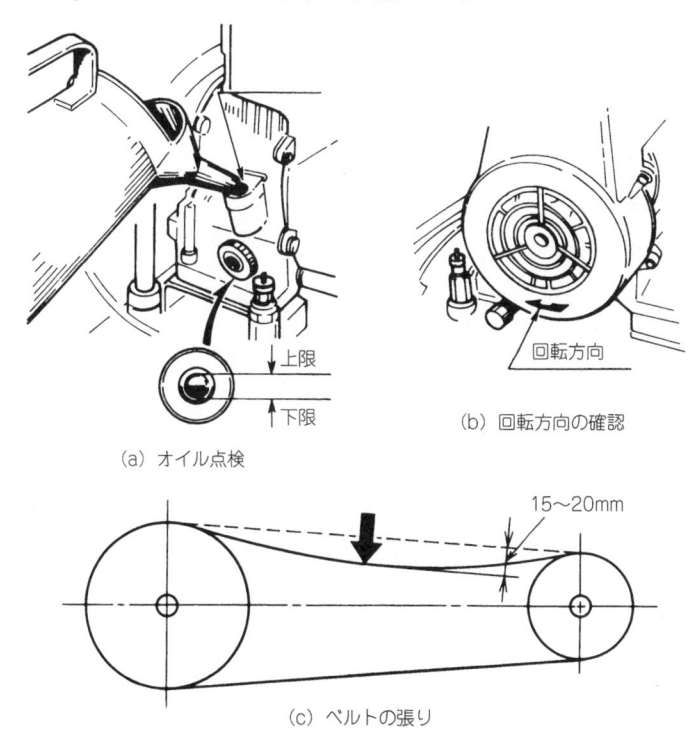

(a) オイル点検

(b) 回転方向の確認

(c) ベルトの張り

図4－28 ピストン式空気圧縮機の日常点検

3.3.2 塗装ブース（排気装置）

室内で塗装を行う場合は，スプレー塗装で霧状となった塗料が充満したり，ごみやほこりが浮かんでいたりすると安全衛生上有害であり，また火災発生の原因となるので，ミスト捕集装置，排気装置を設けなければならない。特に排気装置は有機溶剤中毒予防規則上からも設置する必要がある。これらの装置は，一般に塗装ブースと呼ばれ，その種類には次のようなものがある。

（1）塗装ブースの種類

塗装ブースは，乾式ブースと湿式ブースに大別されている。その種類を図4-29に示す。

a．乾式ブース

構造は，図4-30（a）に示すが，塗料ミストを含有した空気は，フィルタを通過する間に塗料ミストのみがフィルタに付着捕集され，ミストのない空気として排気される。

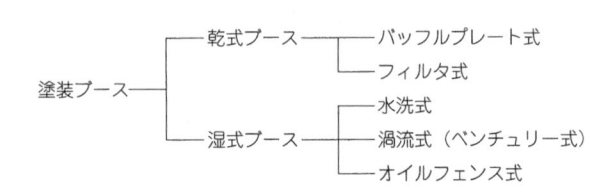

図4-29 塗装ブースの種類

水を使わないので保守が簡単であるが，反面，火災に対して十分注意する必要がある。また，フィルタは目詰まりを起こすと吸込みが悪くなるので，交換に留意する。バッフルプレート式は，塗料ミストの慣性力を利用してプレートに衝突させて捕集するため，通気面積が大きく，目詰まりが少ないという利点がある。

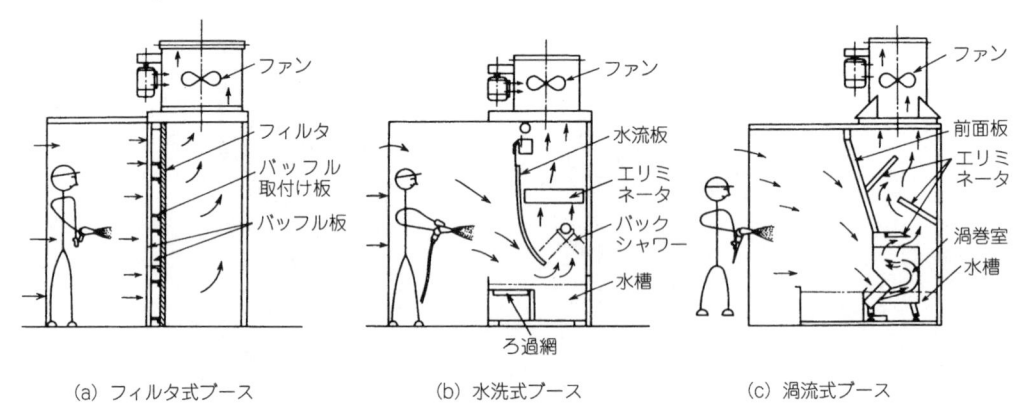

(a) フィルタ式ブース　(b) 水洗式ブース　(c) 渦流式ブース

図4-30 各種塗装ブースの概要

b．水洗式ブース

ブース全面に水流板を設け，そこに水を流して水膜をつくり，スプレーミストを衝突させたり，内部のシャワー室でミストを捕集したりするもので，図（b）のような構造である。

内部のシャワーの状態によってミストを捕集する効果が変わってくるので，ポンプやシャワーノズルの保守管理を十分に行うことが必要である。数段のシャワーノズルを設けた高捕集効率の塗装ブースもある。

　c．渦流式ブース

　湿式であるが，ポンプを使用せず，排気ファンの吸引力で水槽内の水を巻き上げ，渦巻き室でミストを水と接触させて捕集する。構造を図（c）に示す。シャワーノズルやポンプがないので，保守管理は比較的容易であるが，水槽内の水位によって捕集効率が大きく影響されるため，水の管理を常に行うことが大切である。この方式のブースは，捕集効率が高い点で優れているが，排気ファンの力が必要なため電力消費量が大きく，騒音が他のブースに比べて大きいことが短所である。

　d．オイルフェンス式

　水の代わりにオイルを流して塗料ミストを捕集する方式の塗装ブースである。

（2）塗装ブースの保守・管理

　塗装ブースは，オーバースプレーされた塗料ミストを捕集し，きれいな空気として排気する。このため，性能のよい塗装ブースほどブース内に塗料がたまることになる。捕集した塗料かすの処理を定期的に行い，塗装ブース内を常に最適な状態で使用することが望ましい。

　a．吸込み風速の維持

　塗装ブース内が汚れてくると，排気効率が低下し，吸込みが悪くなる。特にフィルタ式の塗装ブースや内部のエリミネータなどは汚れやすいので，定期的に清掃・保守管理を行い，吸込み状態を確認する。一般に塗装ブースの平均吸込み風速は，0.5〜1.0m／sの範囲である。

　b．清　　　掃

　塗装ブース内の壁面に付着した塗料が多くなると，引火の危険性が生じる。適当な時期に清掃する必要があるが，火花が発生することのないように注意して行う。また，塗装ブース内面にあらかじめグリースやストリップペイントなどを塗っておくと簡単に塗料が落とせるので清掃が簡単である。

　排気ファンにも塗料が付着するので，定期的に清掃する。特に排気ファンは吸込み性能が悪くなったり，ダクト内でファンの回転により摩擦を起こして発火したりするなどの危険性もあるので，気を付けなければならない。

c. 水の管理

水を使用して塗料ミストを捕集する塗装ブースでは，水の管理が塗装ブースの性能を左右するので重要である。

ポンプを使用した塗装ブースでは，ポンプの吸込み口から捕集した塗料かすが入り込まないよう気を付け，ろ過網の定期的な清掃を行う。ポンプを使用しない渦流式の塗装ブースの場合は，水位によって捕集効果が大きく影響されるので，ファンや排気ダクトなどに塗料ミストが付着し，後の清掃が困難になる。

3.4 エアレススプレー塗装

エアレススプレーは，塗料に高圧力をかけ，小さいノズルから噴射したときに，空気に衝突させて霧化する塗装方式である。塗料に高圧力を加える高圧塗料ポンプ，高圧塗料ホース，エアレススプレーガンなどから構成されている。

エアレススプレーの利点には，次のものがある。

① 霧の飛散が少ないため，塗料の損失及び塗装の際の汚れが少ない。
② 塗料噴出量，パターン開きなどが大きくできるので，作業能率がよい。
③ 高粘度の塗料の吹付けができるので溶剤の節約ができる。

水道の蛇口にホースを取り付けて水を流した場合，ホースの先端を徐々に狭めていくと，水はだんだん勢いよく噴出し，ついには霧状になる。

エアレススプレーは，この原理を応用し，水道の水の代わりに塗料を霧化したものである。一般家庭での水道水の水圧は0.2MPa程度であるが，この程度の圧力では粘性のある塗料を微粒化することができない。そこでエアレススプレーは，塗料用高圧ポンプを使用して液体圧力を10～30MPaに高め，さらにホース出口を小さくつぶす部品としてノズルチップを取り付け，その穴径を1mm以下にして霧化するようにしてある。

(1) 種　　類

エアレス塗装機は，高圧ポンプの種類により，プランジャポンプとダイヤフラムポンプに分けられる。また動力によって空気駆動式，電動式，エンジン駆動式に分けられる。

その他，塗料を加熱するホット式と大気温度のまま使用するコールド式がある。

空気駆動式プランジャポンプの構造は図4－31に示すように，圧縮空気によりエアモータを動かして塗料を加圧するもので，従来から最も多く使用されている。図4－32に塗装機の構成例を示す。

ダイヤフラムポンプは，電動式又はエンジン駆動式で，油圧ポンプの油圧によってダイ

ヤフラムを動かし，高圧塗料を吐出する。小形軽量で移動が容易なので，現場塗装用に広く用いられる。

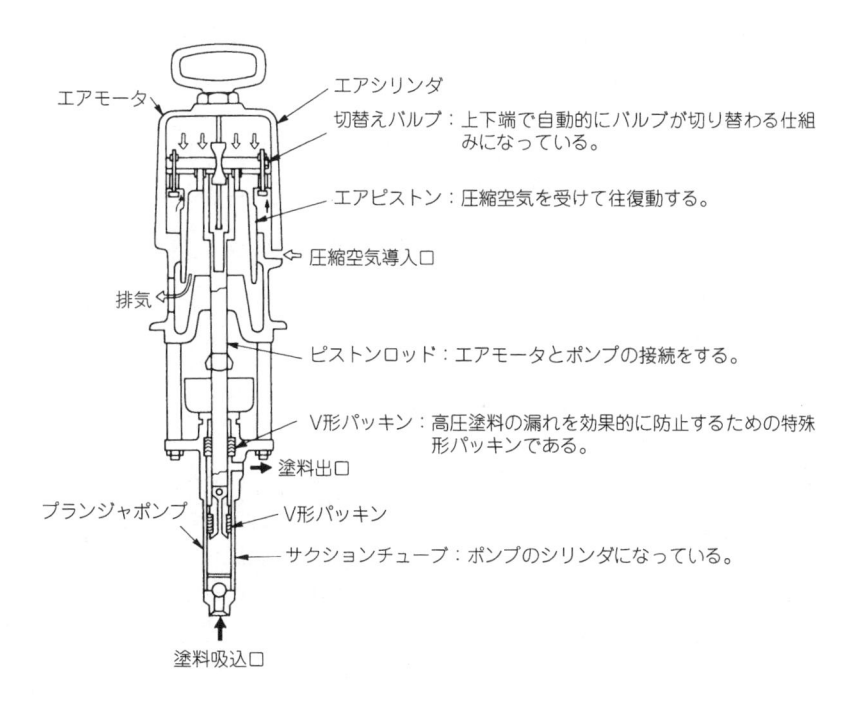

図4-31 プランジャポンプの構造

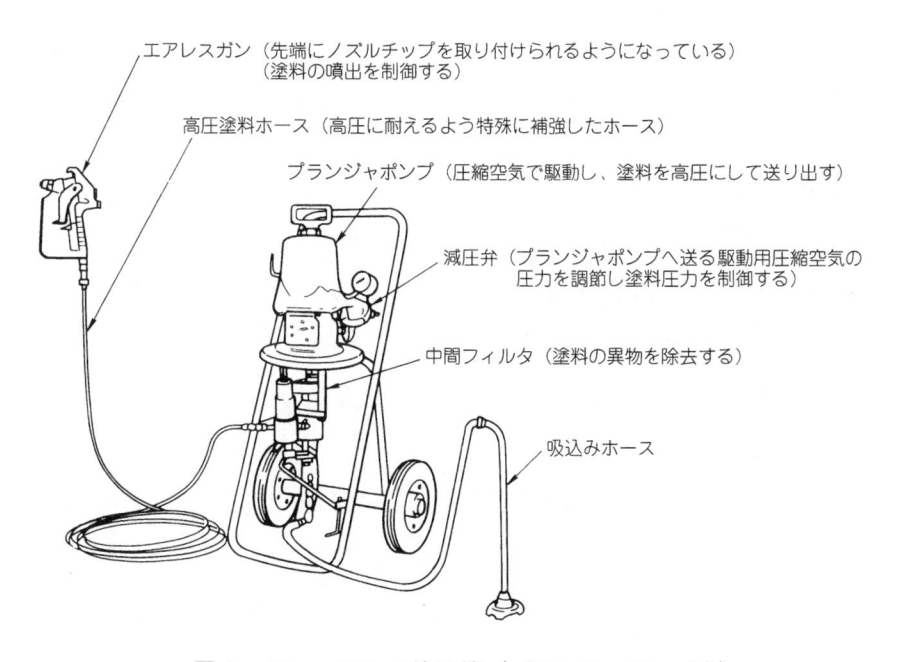

図4-32 エアレス塗装機（プランジャポンプ式）

（2） 高圧塗料ホース

耐溶剤性，耐高圧性を必要とするため，ナイロンチューブの外側にステンレス鋼線，又はナイロン糸の補強網を被覆したものが一般に使用されている。

（3） エアレスガン

エアレススプレーの塗料噴出量，パターン開きはノズルチップの交換によって行われるためその調整部がなく，構造は簡単である。図4－33にエアレスガンの構造を示す。高圧塗料を扱うので塗料漏れ対策や，誤操作に対する安全装置，ノズルチップの詰まりを防ぐためのフィルタなどが組み込まれている。

エアレスガンの種類には，一般用のもののほか，自動塗装機用，高所作業用のポールガン，ホットエアレスガン，特殊塗料用のものなどがある。

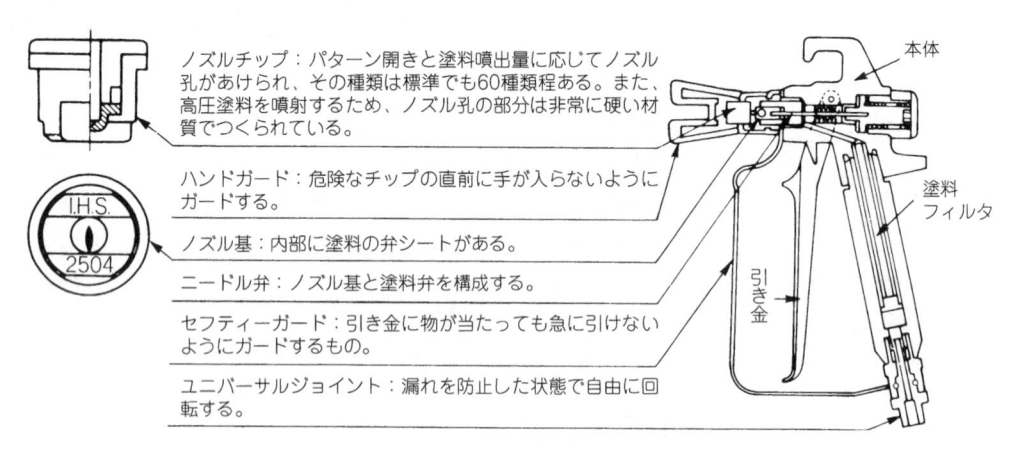

ノズルチップ：パターン開きと塗料噴出量に応じてノズル孔があけられ，その種類は標準でも60種類程ある。また，高圧塗料を噴射するため，ノズル孔の部分は非常に硬い材質でつくられている。

ハンドガード：危険なチップの直前に手が入らないようにガードする。

ノズル基：内部に塗料の弁シートがある。

ニードル弁：ノズル基と塗料弁を構成する。

セフティーガード：引き金に物が当たっても急に引けないようにガードするもの。

ユニバーサルジョイント：漏れを防止した状態で自由に回転する。

本体、塗料フィルタ、引き金

図4－33　エアレスガンの構造

（4） ノズルチップ

一般的なノズルチップは，パターン開き，塗料噴出量に応じて，多くの種類がある。

微小なノズルチップの噴出口から出た塗料は，流れの不均一により，両端から余分な塗料が出るテールという現象を生じる。この原因は，「塗料の加圧力が低い」，「塗料の粘度が高い」，「塗料の比重が高い」，「塗料の顔料が多過ぎる」などが主な原因である。

（5） 塗装方法

エアレススプレーでは，圧縮空気は塗料の霧化には使われないため，塗料の飛散中に空気の影響が少ないので，エアスプレーよりも遠い距離で操作してもよい。また，塗料の噴出量も多いため，近過ぎるとたれや流れが生じやすい。30～40cmぐらいで使用するとよい。

吹付け圧力は一般的には，8～12MPaがよいが，粘度が高い塗料の場合はさらに高い圧

力に調整する。

運行速度は塗布する面積によって異なるがエアスプレーと比べて速く運行させる方がよい。

3．5　静　電　塗　装

私たちの周りにある物質は，普通の状態では同量の正，負の電荷を持ち，電気的に中性（電荷量０）であるが，何らかの原因で物質が電子を放出したり，受け取ったりすると電荷のバランスが崩れ，その物質全体として正（プラス，⊕）又は負（マイナス，⊖）に帯電する。

例えば，下敷きで髪の毛をこすると，プラスチック製の下敷きは⊖に，髪の毛は⊕に帯電する。いわゆる絶縁体間の摩擦帯電で，⊖に帯電しているプラスチックに金属パイプのような導体が触れると，放電して（電荷量が０になること）中性になる。帯電量が多くなったとき，図４－34に示すように，導体がアースされているかどうかで放電現象が異なる。アースされている場合は，スムーズに中性となるが，スニーカーのような絶縁性のよい靴を履いていたり，ビニル製手袋をして導体に触れると，その瞬間スパークする危険がある。

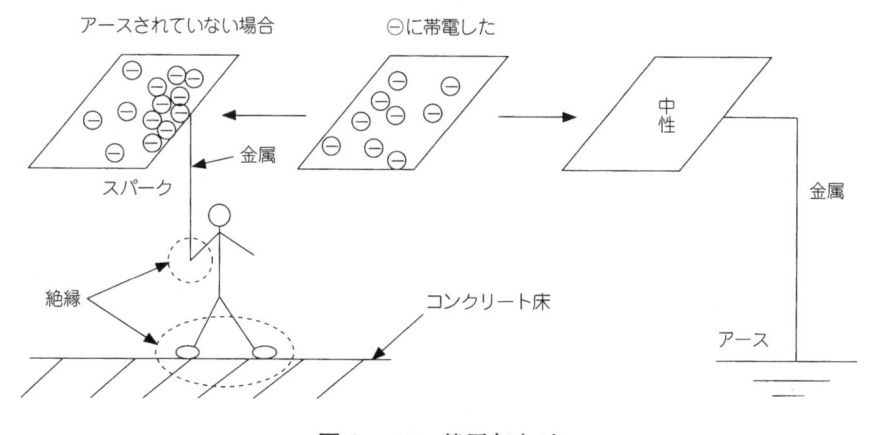

図４－34　静電気とは

金属パイプを素手で持ち，さらに通電靴を履き，床は常に水で湿らせておけばスパークしなくなる。スパークするのは一瞬であり，このときに溶剤蒸気が爆発範囲にあると，火災を引き起こす。塗装作業では有機溶剤を扱うので，静電気をためないようにしっかりアースすることが大切である。アース線を水道管につなげば大丈夫だと思いがちだが，図４－35に示すように，水道管は途中から塩化ビニル製の継手に接続されていることが多く，アースされない。

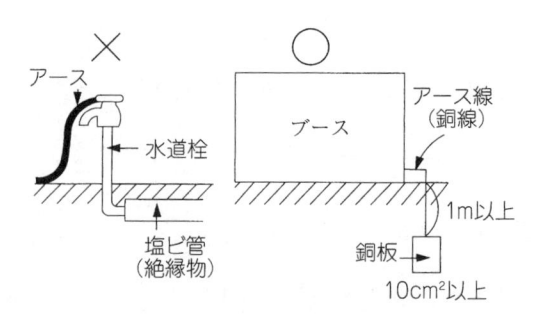

図4-35 良いアースの仕方と悪いアース

(1) 原　理

帯電した塗料粒子を被塗物（アースされていること）まで運び，付着させる役目を静電気が果たす。そのためには，図4-36に示す静電界を，塗料噴出口と被塗物間に形成させる機構が必要となる。装置の基本は次のとおりである。
① 交流（AC）を取り入れて，直流（DC）の高電圧を発生させる装置：高電圧発生機
② 塗料噴出口がマイナス⊖極に，被塗物がプラス⊕極になること。アースを完全にすること。
③ 塗料を霧化させること。

　⊖の高電圧（3～10万ボルト）によって電極部分の空気がイオン化され，このイオン化空気の部分が⊕の被塗物に吸引されるときに空気の流れをつくり出す。これをイ

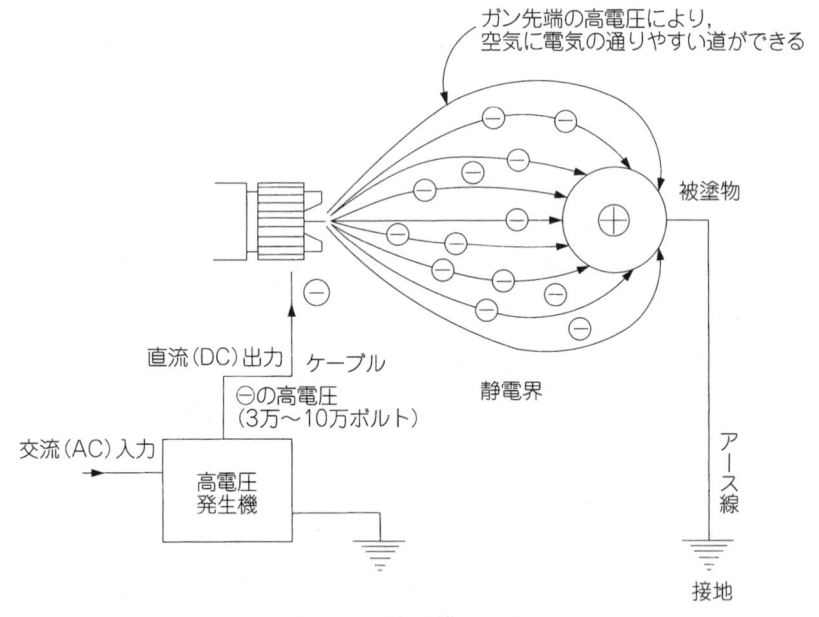

図4-36 静電塗装の原理

オン風と呼び，塗料粒子はこのイオン化域で⊖に帯電し，⊕極の被塗物に効率よく塗着する。

エアスプレーと静電方式の差異をモデル的に示すと，図4-37で表される。また，塗装方式による塗着効率は，一般的に表4-2のとおりである。

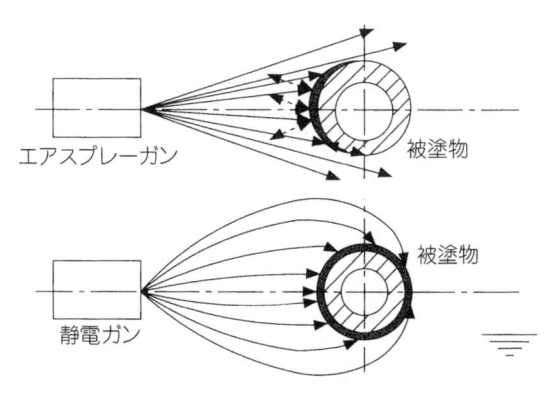

表4-2　塗装方法と塗着効率

塗装方法	塗着率（％）
はけ，ローラ	75～80
エアスプレー	30
エアレススプレー	65
静電	70～90

図4-37　静電の有無によるつきまわり性・塗着効率の違い

(2) 特　　徴

静電塗装は，金属製品の多量生産の塗装方法として一般化し，その利点が広く認識されている。その特徴は次のとおりである。

a. 長　　所
① 塗着効率が高く，塗料の節約が図れる。
② 安定した塗装のつきまわり性が得られ，作業工程，時間の短縮が図れる。

b. 短　　所
① エアスプレーに比べ，装置が高価である（イニシャルコストが高い）。
② プラスチック部品や成形物などの絶縁性物質には，通電剤の塗布が必要となる。
③ 凹凸のある被塗物に対しては，均一な膜厚が得にくい。
④ 塗料の電気抵抗値を適正な範囲（$0.3～2 M\Omega \cdot m$）に調整する必要がある。

被塗物が凹凸形態をしているとき，塗料粒子はエッジ部（角のある部分）に塗着しやすく，厚膜となるが，凹の隅には入りにくい。

(3) 塗装方式の種類

エア，エアレスと同様に，塗料を霧化して被塗物に塗着させる方式が基本である。塗装機は次のように，手持ち式と固定式の2種類に大別できる。

手持ち式 ─┬─ エア（図4-38）
　　　　　└─ エアレス

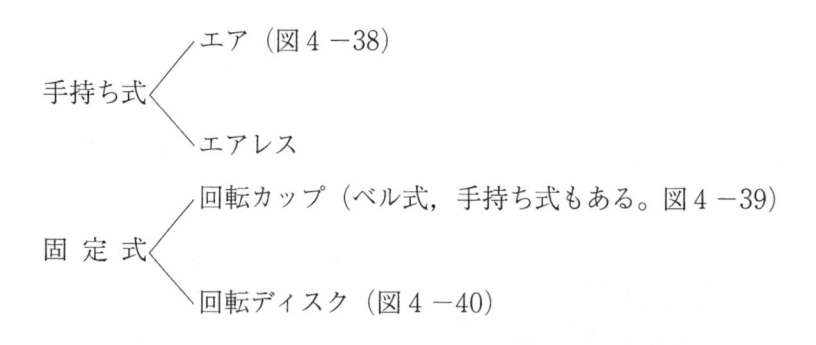

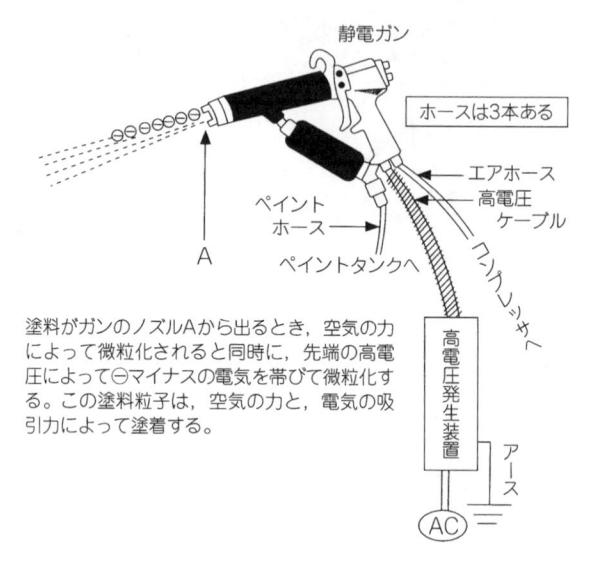

固定式 ─┬─ 回転カップ（ベル式，手持ち式もある。図4-39）
　　　　└─ 回転ディスク（図4-40）

塗料がガンのノズルAから出るとき，空気の力によって微粒化されると同時に，先端の高電圧によって⊖マイナスの電気を帯びて微粒化する。この塗料粒子は，空気の力と，電気の吸引力によって塗着する。

図4-38　エア静電塗装機

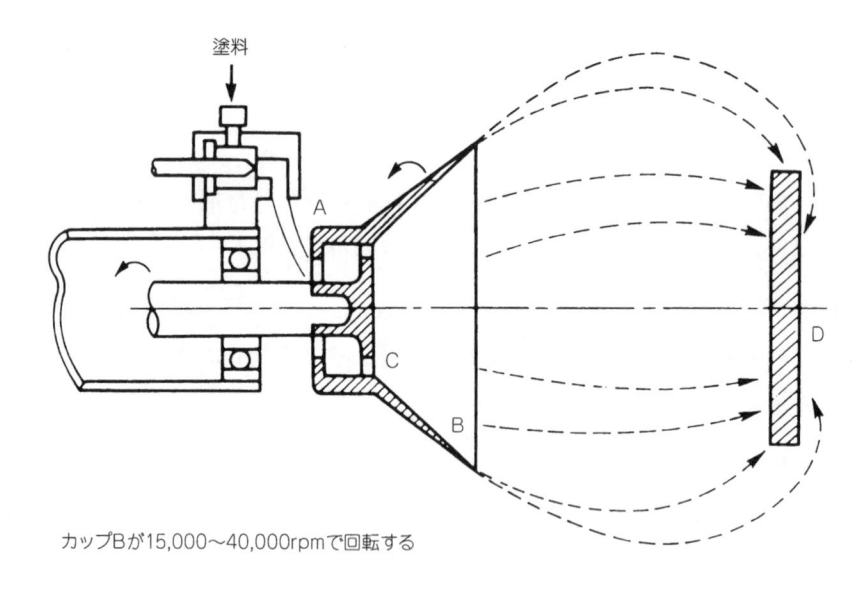

カップBが15,000～40,000rpmで回転する

図4-39　回転カップ式静電塗装装置

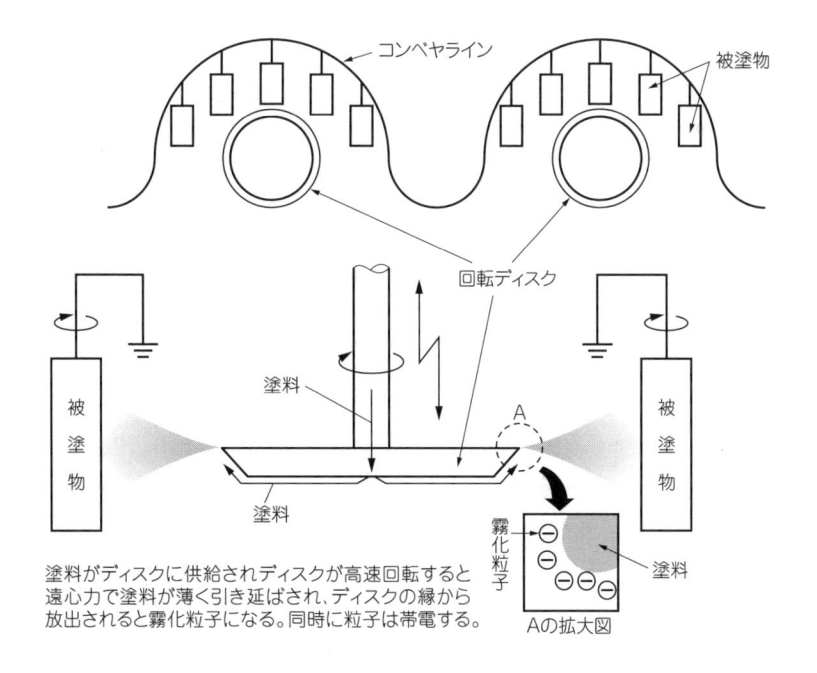

図4－40　回転ディスク式静電塗装機

（4）塗着効率に及ぼす塗料の要因

a. 浮遊粒子の大きさ

霧化されて飛び出してきた粒子は，前へ進もうとする運動エネルギーを持っている。この粒子を，硬式野球のボールと卓球のピンポン球に例えれば，大きくて重い硬式野球ボールは勢いよく遠くへ飛んでいこうとするが，軽くて小さいピンポン球は，すぐに運動エネルギーを失ってしまう。すなわち，粒子が小さいほど静電気力で吸着しやすい。

また，微粒化した粒子の帯電は，表面帯電である。一定量の塗料をたくさんの微粒子にした場合と少ない微粒子にした場合とでは，全粒子の表面積は前者の方がはるかに大きいので，静電効果の差が生じる。

したがって，塗料粒子が小さくなるほど塗着効率は高くなるので，塗料の粘度をエアスプレーよりも低くする方がよい。

b. シンナーの組成

静電塗装においては，よい塗料を使うか否かによって，仕上がり性に大きな影響を及ぼす。前述したように，塗料粒子は小さく，かつ電荷量が大きいほど静電効果が高まる。塗料の電気抵抗値には適切な範囲が存在するため，通常は静電用シンナーを混合して，塗料の粘度と抵抗値を調整する。塗料の電気抵抗値が低いと，霧化粒子の電荷量が小さくなっ

て，つきまわり性や膜厚の均一性などが悪くなる。シンナー中に含まれる溶剤の作用をまとめると次のとおりである。

(a) 蒸発速度の遅い溶剤

塗料中に占める蒸発しにくい溶剤（低速度溶剤）の含有量は，10～20％程度である。低速度溶剤は，塗料粒子の飛行速度を遅くするため，静電効果が高まる。蒸発速度の速い溶剤が多いと粒子の飛行中でも溶剤が蒸発してしまい，平滑な塗面が得られない。

(b) 極性溶剤

メタノールやアセトンは水とよく混合する。"似たもの同士はよく溶ける"といわれているように，水とよく混合する溶剤はその性質が水とよく似ており，極性溶剤といわれている。溶剤の極性が高いほど，電気抵抗値が低い。塗料の電気抵抗値が高い場合には，極性溶剤を添加するとよい。静電用シンナーには，極性溶剤と揮発を遅くする低速度溶剤が混合されている。

電気抵抗値を測定するには，ペイントテスタを使用する。これは，1cmの間隔で1cm角の金属板が対向している電極板を塗料中に挿入して，その間の抵抗値を計測するものである。

(5) 静電塗装機の取扱い

静電塗装を行う場合に，最も気を付けなければならないことは，静電気による火災である。この原因は，日常の管理不備によるところが大きい。

スプレーガン，高電圧発生機，ケーブル，ホース，塗料容器，コンベヤハンガー，作業者など，すべてのものに対しアースを施す。また，塗料ミスト付着により絶縁不良を起こすことがあるのを忘れないことである。作業者も手袋などを用いずに素手とし，作業靴も通電性のある静電用作業靴を使用する。帯電量は，物体の表面積に比例して増加するため，作業者が絶縁状態でいると身体全体に静電気がたまってしまう。これを知らずに塗料汚れを落とそうとして，シンナー缶に触れた瞬間にスパークが発生し，引火してしまう。

静電塗装機には，安全性に配慮した安全保護機能が付いており，万一の場合には，高電圧を遮断したり，異常ブザーで知らせる機能になっている。

3．6　カーテンフローコーター

この塗装法は連続的に高い作業能率で塗装作業ができ，しかも塗面が平滑であることが特徴である。その他の長所として，塗料を循環使用するため塗料の無駄がないことや，取扱いが簡単で作業に熟練を必要としないことなどが挙げられる。反面，被塗物が平面上のものに限定され，薄膜の塗装が難しいなどの短所がある。

(1) 構成と機能

図4-41にカーテンフローコーター装置の構成図を示す。塗料は、塗料タンク内のポンプにより吸い上げられ、調整コックを経て、ヘッドと呼ばれる塗料だまりに送り込まれる。ヘッドの下方には2枚のエッジにより細長い一定幅のスリットが形成されており、ここから塗料がカーテン状に流下し塗装される。流下するカーテン状塗料は、コンベヤ間に置かれた塗料受けによって回収され、再び塗料タンクに戻る。被塗物はコンベヤで運ばれ、塗料のカーテンを通過する際、その上面に塗料が載せられて塗装される。

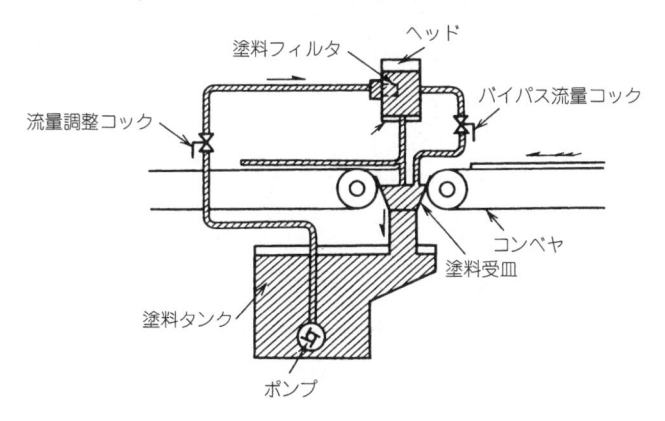

図4-41 カーテンフローコーター塗装装置

(2) 用　途

① 合板、鋼板、ガラス板などの板物への塗装
② ふすま材、家具、ピアノ、スキーなどへの塗装
③ 屋根がわら、皮革、プリント基板などへの塗装

3.7　ロールコーター

ロールコーター塗装機の概要図を図4-42に示すように、複数のロールによって塗装する方法である。塗装は、塗料容器の塗料がポンプにより塗料受けに輸送され、ピックアップロールが塗料を転写し、ドクターロールで一定量の塗料が保持され、コーティングロールで被塗物に塗装される。ロールコーターは、広い面積を塗装するのに効果的であり、特に合板などのような薄板の表面に高速塗装する場合に多く用いられ、木目模様、大理石模様などの特殊塗装にも適している。

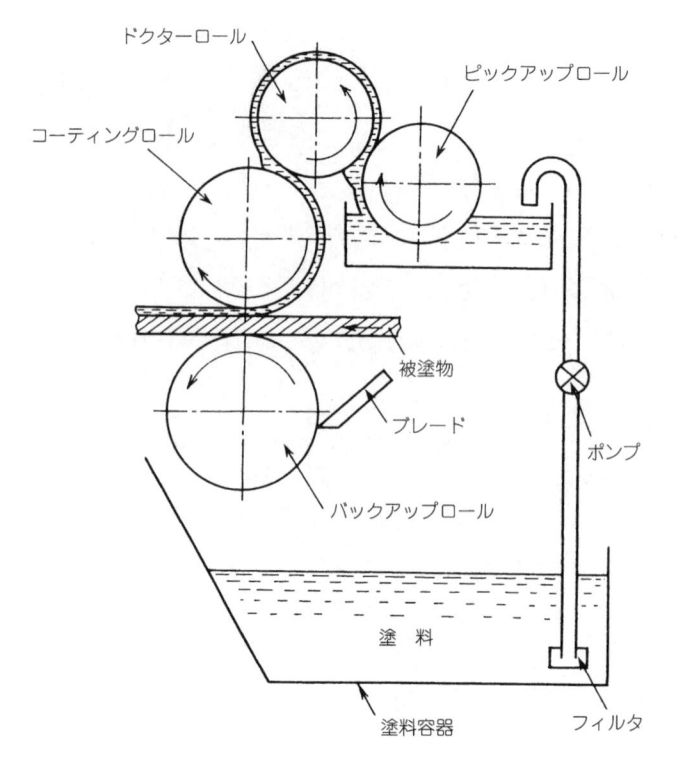

図4-42 ロールコーターの概要

第4節 乾燥設備

塗料の乾燥には，自然乾燥と加熱乾燥がある。木製品の塗装では特殊な場合を除き，加熱温度は40～60℃で乾燥を促進する。

乾燥設備を形状と加熱方式に分類して説明する。

（1） 形状による分類

a. トンネル形

コンベヤに乗って移送されてくる塗装ライン用の乾燥炉で，量産工場が主体である。

トンネル形の中にも平置式と山形式があり，平置式は電車のトンネルと同じように，床にレールコンベヤがあり，トンネル内で加熱乾燥される（図4-43）。被塗物は主に大物，箱物，重量物などである。長所としては，山形式より設備費が安価であることと，被塗物を載せ替える必要がないことである。短所としては，トンネル内の熱が空気対流により外へ流出することである。

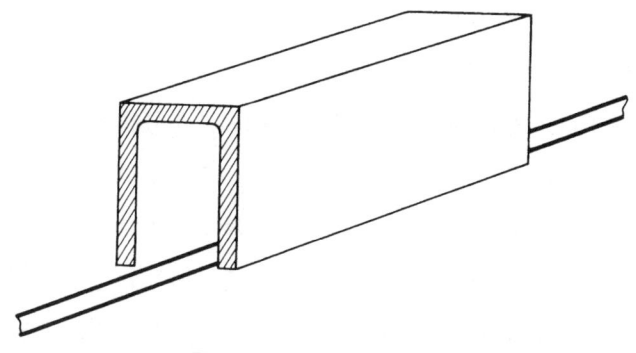

図4-43 平置式乾燥炉

　山形式は，平置式トンネルの中央部を上へ持ち上げて，出入口部より中央部を高くしてある（図4-44）。これは平置式の短所であった熱空気の放出を防ぐためで，暖かい空気が上昇することを利用し中央部を高くしている。出入口が傾斜していることにより，品物が傾き転倒のおそれがあるためレール式コンベヤは使われない。一般につり下げ式コンベヤが使われ，部品，小物製品が主体である。

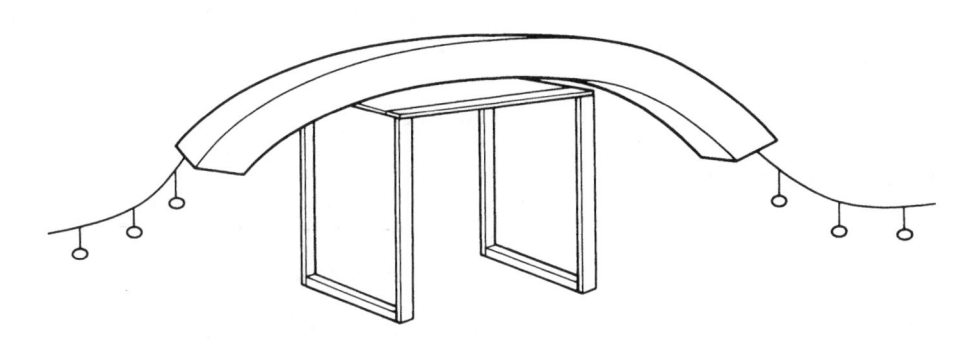

図4-44 山形式乾燥炉

b. 箱　　形

　一般に金庫形と呼ばれている炉で，被塗物を室に入れ，扉を閉めて乾燥させる。

　長所としては，トンネル式に比べ設備費が安価であり，炉内温度管理が容易なことである。短所は，連続乾燥ができないので，1回1回の出し入れのため人手が必要となることである。被塗物は，主にコンベヤで搬送できない大型重量物，バス，電車，トラックなどのほか，小さな金庫形炉では小物部品に使われている。

（2） 加熱方式による分類

a. ふく射式

　熱源となる光，熱，電波などから放出された熱波を被塗物に当てることにより，被塗物が温まる。この温まった物体から周囲に放射する熱をふく射熱という。

熱源として，赤外線ランプ，ガス赤外線ヒータ，遠赤外線ヒータなどがある。この中でも赤外線ランプが最もよく利用されている。

これらの赤外線熱源は，それぞれ放射する赤外線の波長分布と強度が異なり，遠赤外線ヒータは遠赤外線域に放射光が集中しており，赤外線ランプは近赤外域，中間赤外域に集中している（図4-45）。遠赤外線は，有機分子に対する放射エネルギーとして非常に効率がよく，塗膜を形成する有機分子は，遠赤外線をよく吸収して硬化する。

長所は，設備費が安価で操作が簡単であることで，短所は，光線の当たるところと当たらないところがあることや距離の遠近によって乾燥速度が違うことである。

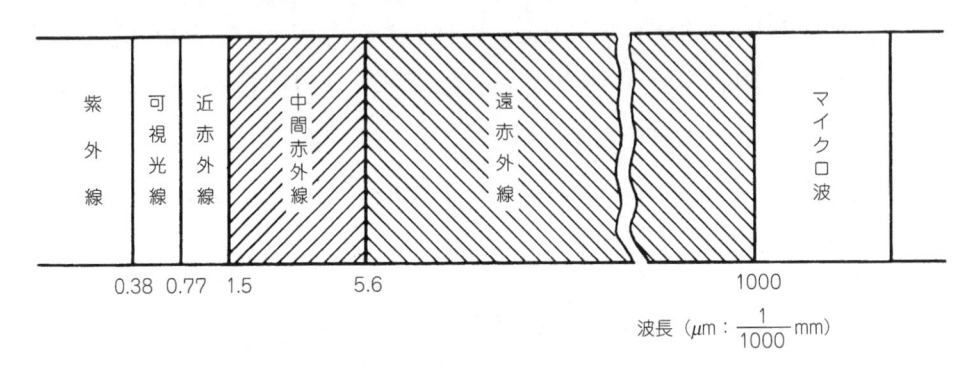

図4-45　赤外線の波長帯域

b. 対流式（熱風乾燥炉）

都市ガス，LPG，重油などの燃料を燃焼させ，空気を暖めて乾燥させる方式で，一般に熱風乾燥炉と呼ばれている。この方式には，熱空気を循環するかしないかによって循環式と非循環式に，また，加熱空気をつくるのに熱交換器を使用する間接加熱方式及び使用しない直接加熱方式がある。図4-46（a）に直接加熱方式の非循環法を，図（b）に間接加熱方式の循環式を示す。

電気ヒータによる電熱炉と比較すると，ガス炉の特徴は次のとおりである。

〔長　　所〕
① 熱源が電気に比べ安価である。
② 設備費が安い。

〔短　　所〕
① 炉内の温度分布が不均一である。
② 炉内の酸性ガスの影響で塗面にガスチェッキング（焼付け塗料の硬化時に起こるしわ）が発生しやすい。

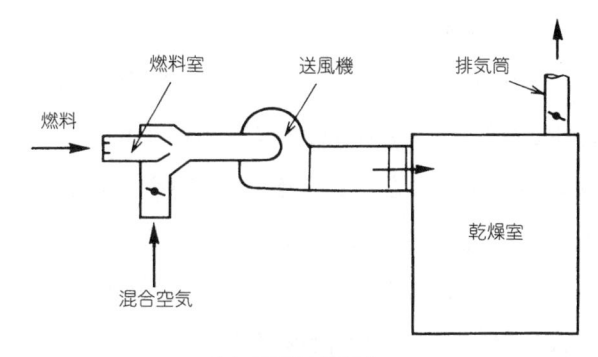

(a) 直接非循環式

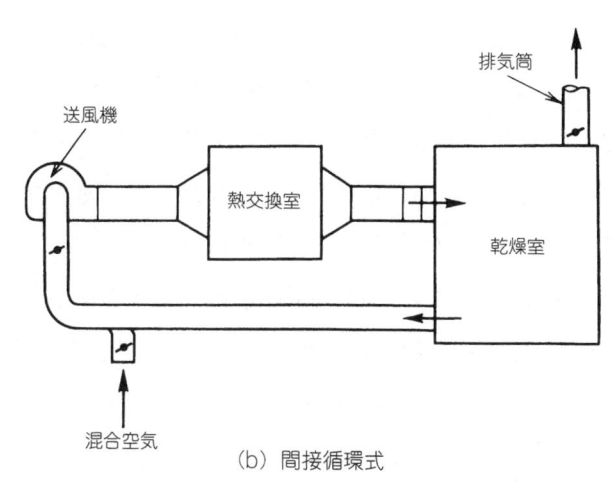

(b) 間接循環式

図4−46　熱風ガス炉

c. エネルギー線照射式

　塗装面に紫外線（UV）又は電子線（EB）を照射することにより硬化させる乾燥方式であり，木工塗装の分野では1980年代より建材メーカがUV硬化システムを採用してきた。床材に用いられる素材は，一般に300×1800mm，12mm厚のものであり，高級用途には無垢材が，汎用品には合板に突き板（0.2〜1mm程度にスライスした単板）を張り合わせたものが使用される。素材の投入から塗装，梱包までが一環のラインで，数分から10分程度で塗装工程が完了する。ラインの搬送スピードは40〜100m/min程度で，1つの塗装ラインで1日当たり6600〜16500m^{2}程度の生産能力がある。床材の塗装工程の一例を図4−47に示す。

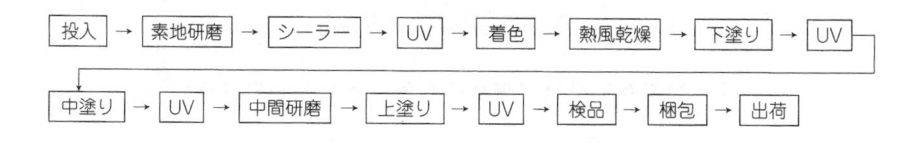

投入 → 素地研磨 → シーラー → UV → 着色 → 熱風乾燥 → 下塗り → UV → 中塗り → UV → 中間研磨 → 上塗り → UV → 検品 → 梱包 → 出荷

図4−47　木質カラーフロア塗装工程

UV照射には，一般的に高圧水銀ランプが用いられる。透明な石英管に水銀ガスが封入されており，このランプの両極に電圧をかけることで紫外線が発生する。紫外線の強度は，単位長さ当たりの電力で表される。80W/cm又は120W/cmのランプが用いられることが多いが，より強度の強い240W/cmなども開発されている。また，厚膜やカラークリヤなどの硬化の場合には，より長波長領域の紫外線を発生することのできるメタルハライドランプが用いられる。どちらの場合もUV照射により空気中の酸素が励起され，有害なオゾンが発生するため，UV照射装置には排気設備が必要である。UV照射装置の概要を図4－48に示す。

　また，より強い紫外線を発生するUV照射装置として，無電極UVランプがある。この無電極UVランプには，電子レンジに使用されているものと同じマイクロ波（2450MHz）のエネルギーが利用されており，電極がなくてもマイクロ波のエネルギーにより，ランプバルブ内部の水銀などの発光物質が励起されてプラズマとなり，光エネルギーに転換されるものである。無電極ランプの主な特徴を以下に示す。

① 高出力…………紫外線の発光効率が高く，光照度が高い。
② 出力安定性………初期特性を長時間維持し，UV出力の減衰が少ない。
　　　　　　　　　　UVスペクトル分布の変化もない。
③ 低熱性…………赤外線成分が有電極ランプの約 $\frac{1}{3}$
④ 長寿命バルブ……有電極の5～10倍
⑤ 各種UV波長……6種類のUV波長を選択可能（ランプバルブを交換するだけ）
⑥ 瞬時点灯…………秒単位で点灯可能

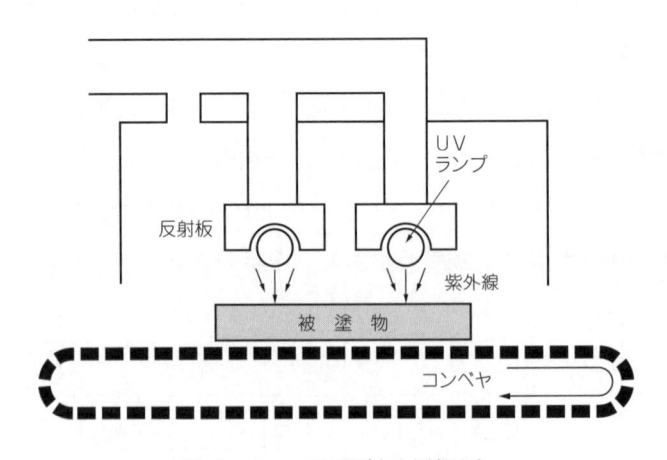

図4－48　UV照射装置概要

第5節　研磨・磨き

5．1　塗膜の研磨方法

　塗膜の研磨は仕上がりに大きく影響し，特に，中塗り塗料として用いられる各種樹脂サンディングシーラー塗膜の研磨は重要である。過度に力を加えて研磨すると，塗膜が摩擦熱で軟化してよれが生じたり，研ぎ足が残ったり，着色素地をはがすことになる。また，研磨は塗膜が乾燥していないときに行うと，塗膜のよれ，研磨紙へのからみ・目詰まりなどが起こるので，十分に乾燥させて行うことが重要である。透明仕上げの場合の研磨は，原則として繊維と平行方向に行う。

　なお，研磨粉はウエスでよくふき取るとともに，エアダスターガンなどで完全に除去する。

（1）　研磨の方法

　研磨の方法には，空研ぎ，水研ぎ及びガソリン研ぎがある。

a．空研ぎ

　研磨紙，研磨布などを用いて水などを使わずに研ぐ方法で，下塗り，中塗り，上塗りの各塗膜を平滑に研磨したり，パテ付け箇所の荒研ぎや余分な目止め剤を除去するために行う。

b．水研ぎ

　耐水研磨紙，砥石，研ぎ炭などを用い，水をつけながら研ぐ方法である。この方法は，研磨紙へのからみがなく，研ぎおろし効果が大きい。さらに，石けん水を用いると一層からみを防ぐことができる。塗膜が薄いと，水で素地を膨潤させ，研ぎおろし効果が大きいだけに塗膜をはがしやすい。したがって，塗膜が厚いクローズポア仕上げやミラースムーズ仕上げにおける上塗り塗膜面や，不透明塗装におけるサーフェーサーの平たん化作業に用いる。作業中は，研磨粉によって研ぎ面の状態が見にくいので，乾いたウエスでふき取りながら行う。

c．ガソリン研ぎ

　水の代わりにガソリンを用いるので，素地を膨潤させずに能率よく研磨することができる。ガソリンは乾燥が速いので，こまめにガソリンをつけながら行う。

（2）　研磨材料と研磨機

　塗膜の研磨は，研磨紙・研磨布，スチールウール，砥石，軽石・軽石粉，研ぎ炭などを

使い，手や研磨機で行う。

a. 研磨材料

(a) 研磨紙・研磨布

　研磨材を和紙，クラフト紙，耐水紙，綿布などの基材に，合成樹脂接着剤などで接着したもので，一般にサンドペーパーや耐水ペーパーなどと呼ばれている。研磨紙・研磨布は，素地研磨や塗膜研磨に多用され，水研ぎやガソリン研ぎの場合は，耐水ペーパーが用いられる。形状にはシートとロールがあり，ロールには裏面に接着剤がついたものもあり，ポータブルサンダや曲面に合わせた研磨用ジグなどに張り付けて使うと便利である。研磨材には，表4－3に示すものがある。硬くて切れ味がよいことから，アルミニウムオキサイド，シリコンカーバイドが多く用いられている。

表4－3　研磨材の種類

研磨材	天然石			人工石	
	エメリー	フリント	ガーネット	アルミニウムオキサイド	シリコンカーバイド
記号	E	F	G	A	C
用途	金属用	木工用，塗膜用	木工用，塗膜用	木工用，塗膜用，金工用	木工用，塗膜用，金工用

　研磨紙の裏面を見ると，C 400 Cwなどの表示をしてある。Cとは研磨材がシリコンカーバイドであり，400とは研磨材の粒度の粗さを表す番手，Cwは基材の坪量を表している。表4－4に基材の種類を示す。第3章の表3－5に研磨材の粒度と用途を示してあるので参照とする。基材が重ければ腰が強い研磨紙となり，硬質の塗膜研磨に適することとなるが，一般にCwが用いられる。粒度の粗さを表す番手は，ふるいの網目の数を表している。研磨材の粒度は，素地の研磨に

表4－4　基材の種類

基材の坪量による種類	坪量 (g/m^2)
Aw	95未満
Cw	95以上140未満
Dw	140以上200未満
Ew	200以上

おいては素地の材質によって選択し，塗膜の研磨においても下塗り，中塗り，上塗りの研磨や研磨の方法によって選択する。素地研磨には100～320番，下・中塗りには180～400番，上塗りには400～800番，上塗り磨き仕上げには600～1000番を目安とし，さらに，研磨機で行うものは手研磨よりも粗い粒度を使い，水研ぎはから研ぎよりも細かい粒度のものを使う。また，基材に接着する研磨材の密度により，クローズドコート，ミディアムコート，オープンコートに区分されている。オープンコートは研磨材がまばらで目詰まりが少ない。

(b) スチールウール

マンガン鋼を繊維状にしたもので，繊維状になった1本の太さにより第3章の表3－6に示す種類に分類され，曲面の研磨や塗膜のつや消しに使う。研磨は，片手で握れる程度の大きさに巻き，スチールウールの繊維方向と木目を直交させて，木目と平行に行う。塗膜のつや消しの際は，強く研磨すると研ぎ足が乱れるので，なでるように軽く行う。

(c) 砥　　石

砥石には，大村砥石，名倉砥石などがあり，硬い当て木を用い，研磨紙と同様に平滑に研ぐことができる。大村砥石は漆などの下地の研ぎに，名倉砥石は下塗り・中塗りの研ぎに用いる。

(d) パミストーン

パミストーンとは軽石・軽石粉のことで，水にぬらした布につけて曲面の研磨に使うほか，塗膜のつや消しに用いる。また，5.2項で述べる油砥の粉と同様に，一種のポリシングコンパウンドのように使い，塗面に種油をつけて磨き仕上げるときにも用いる。

(e) 研　ぎ　炭

ホオ炭，キリ炭，呂色炭など，漆塗りの研ぎに用いられる。ホオ炭，キリ炭は下塗り・中塗りに用い，呂色炭は呂色塗りの磨き仕上げを行うときに用いる。研ぎ炭は，砥石で平らにした木口面で研ぐ。

b. 研　磨　機

研磨機には，主に素地研磨に用いるベルトサンダ，ドラムサンダがあり，塗膜研磨には，普通，ポータブルサンダが使われる。ポータブルサンダには，研磨紙を取り付ける当て板（パッド）の運動方式により，図4－49に示す直線運動式，前後運動式，軌道運動式及び回転運動式がある。木工塗装には前後運動式及び軌道運動式が用いられ，軌道運動式は研磨効率はよく，むらなく研ぐことができるが，研磨面に細かい研ぎ足ができる。一方，前後運動式は，研磨紙の横ずりがないので木工製品に適している。いずれも，深い研ぎ足を出さないように，サンダを研磨面に軽く押し付けながら行う。

(a) 直線運動式　　　　　(b) 前後運動式

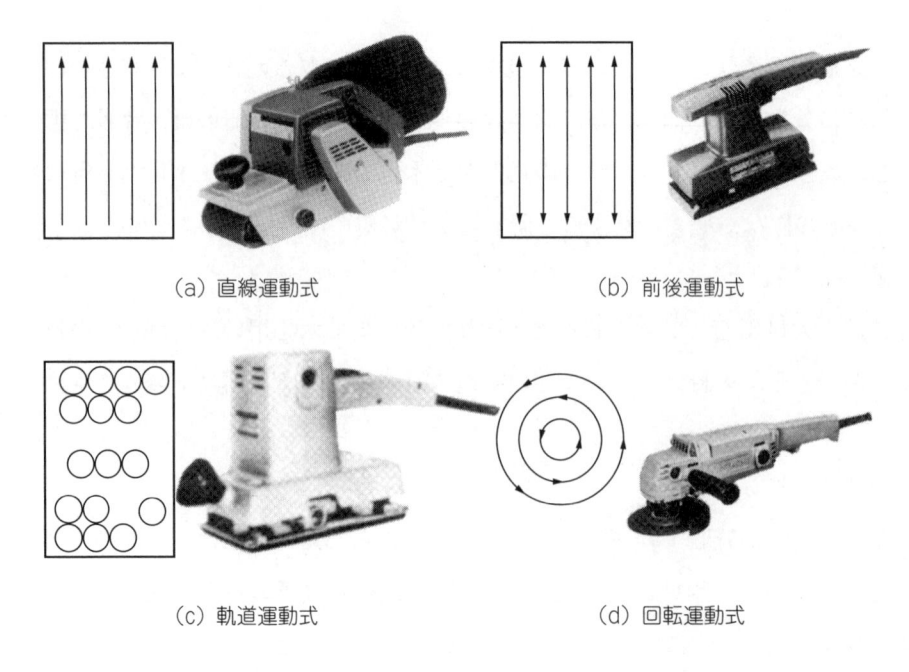

(c) 軌道運動式　　　　　(d) 回転運動式

図4－49　パッドの運動方式によるサンダの種類

5．2　塗膜の磨き

塗膜を磨いて仕上げるものには，ポリシングコンパウンドやワックスなどによる磨き仕上げ，たんぽずり仕上げがある。磨き仕上げは，塗膜をこすりながら，研磨材料に含まれる研磨材微粒子（研削能力を持つ体質顔料など）や溶剤により，研いだり磨いたりして光沢を出していく方法である。一方，たんぽずり仕上げは，溶剤で塗膜を溶解させてこすることによって平滑な塗面に仕上げる方法である。

（1）磨き仕上げの方法

磨き仕上げに使う材料には，ポリッシングコンパウンド，油砥の粉やワックス類がある。

a．ポリシングコンパウンドによる磨き

ポリシングコンパウンドはラビングコンパウンドとも呼ばれ，ミラースムーズ仕上げの際に，上塗り塗膜を磨いて平滑で光沢のある仕上げに用いる。

ポリシングコンパウンドは，油脂をミネラルスピリットなどの石油系溶剤で溶かしたものを，さらに水性のエマルションとし，ケイ藻土，パミストーン，金剛砂(こんごうさ)などを混練りしたものである。粒子の大きさで，極荒目，荒目，中目，細目，極細目の5種類がある。粒子が塗膜を引っかいて研磨し，同時に，溶剤で汚れを取り除き，油脂を残留させて光沢を出す。砥の粉を菜種油と混練りした油砥の粉は，呂色漆仕上げの胴ずり工程に使われるも

ので，ポリシングコンパウンドと同様の働きをする。

　小物の場合はウエスを用いて手で研磨してもよいが，通常はポリッシャーにフェルトパッドを付けて研磨する。ポリッシャーで研磨する場合は，水で薄めたポリシングコンパウンドをはけなどで塗布して行う。その後，柔らかいウエスでふき上げたり，ポリッシャーに羊毛ボンネットを付けて磨く。

b．ワックス類による磨き

　ワックスとはろうのことで，カルナバろう（南米産のろうヤシの葉），木ろう，蜜ろう，イボタろう（イボタカイガラ虫の分泌物），パラフィンなどがある。ワックスには，ろうを石油系溶剤で溶解した溶剤系（油性ワックス）と，有機溶剤を使用しないエマルション形（乳化ワックス）がある。また，はっ（撥）水性のあるシリコン樹脂を主成分とするものもある。

　ワックスは，素地や塗装面の保護，つや出し，はっ水，ちりやほこりの付着防止のために用いられる。磨きは，柔らかいウエスで塗面や素地面に塗り広げ，次いできれいなウエスに替えてふき上げたり，ポリッシャーに羊毛ボンネットを付けてつやを出す。

　ワックスの効果は，通常1～2年程度であり，メンテナンスが必要である。また，再塗装の際は，塗料のはじき，密着不良の原因になるので，研磨紙などで除去する必要がある。

━━━━━━━━━━━━━━━━━ 練 習 問 題 ━━━━━━━━━━━━━━━━━

次の文について，正しいものには○を，誤っているものには×を付けなさい。

（1）養生のタイミングは塗装と同時がよい。

（2）養生用のマスキングテープをはがす場合，塗装後すぐにはがす方がよい。

（3）はけ塗りは，どんな製品でも自由に塗装することができ，誰でも美しく仕上げることができる。

（4）クリヤラッカーのような速乾性塗料のはけ塗り作業は，塗料を「配る」，「ならす」，「はけ目通し」という3段階で塗りつないでいく。

（5）塗料には，油性塗料や水性塗料，ラッカー，漆など多くの種類がある。それぞれの塗料に適するはけを使用することがよい塗装のこつである。

（6）色替えを頻繁に行ったり，小物塗装，小容量作業を行うスプレー塗装では，重力式のスプレーガンを用いた方がよい。

（7）外部混合式エアスプレーガンで塗装をしているとき，作業を中断する必要が生じた場合には，空気キャップを外してシンナー中に浸漬する方がよい。

（8）作業終了後にエアスプレーガンを洗浄する場合，塗料カップに残った塗料を廃棄し，次にカップを取り外してからカップ内を洗浄する方がよい。

（9）エアレススプレー作業を中断する場合には必ず，ガンの引き金には安全ロックをかけ，塗料に負荷するポンプ圧力を下げる。

（10）エアコンプレッサを始動させるときには，まず，空気タンクについているドレン抜きを緩めて，汚れを排出する。一方，停止するときには，ドレン抜きを緩める必要がない。

（11）カーテンフローコーターは平板よりも曲面を有する被塗物の塗装に適する。

（12）ポリウレタンサンディング塗膜を研磨する場合，作業性はP240よりもP1000研磨紙の方がよい。

第5章　木工塗装の欠陥とその対策

> **キーポイント**
> ① 金属塗装などと同様に，木工塗装においてもやってはいけないことがある。
> ② 木工塗装では，素地調整の工程がまず大切である。
> ③ 各工程での不具合は，必ず仕上がり状態に反映される。
> ④ 経時的な塗膜割れ，鏡面仕上げで目やせが生じやすい。
> ⑤ 異種塗料の組合せは，間違えると大きな欠陥を起こすことがある。

第1節　やってはいけないこと

　塗料が塗膜になる過程で，また塗膜になってからでも，しばしば欠陥を生じることがある。被塗物である木材は正に生きものであり，塗料も生きものである。それゆえ，木工塗装における欠陥の発生にはいろいろな要因が複合していることが多い。ここでは日常の作業において注意しなければならない点を述べる。

1.1　塗料の調整時

（1）シンナーの選択

　塗装作業では，まずその塗装方法に適する塗料粘度に調節するためにシンナーを使用する。専用シンナーは，よい塗膜に仕上げるため，塗料の組成に適するようにバランスを考

●異種塗料の混入　　　●硬化剤混入での貯蔵　　　●不良シンナーの添加

図5-1　塗料調合の悪い例（やってはいけないこと）

えて各種の溶剤が配合されている。例えば硝化綿樹脂塗料やアクリルラッカーに塗料用シンナーを加えた場合，脂肪族炭化水素（石油系）を主成分とする塗料用シンナーは溶解力がないので，塗料は団子状になって固まってしまい直ちに分離する。

またラッカーシンナーを2液形ポリウレタン樹脂塗料に使った場合，一見何の変化もないが，ラッカーシンナーに入っているアルコールと硬化剤が反応してしまい，塗膜は物性の悪い耐溶剤性のないぜい弱な塗膜となってしまう。

(2) 2液形塗料の主剤と硬化剤の混合比

塗装する直前に2液（主剤（A液），硬化剤（B液））を指定の混合比に調合しなければならない。A，B液の混合比を守らないとどのような塗膜になるかを理解すること。

分子量はAの方がBに比べて10倍大きく，A，Bともに分子1個当たり反応する手は4本あると仮定する。これをモデル化すると図5－2に示すパイプとこれを固定する金具になる。いま，A100gに対し，Bを10g混合すると橋かけ反応する手の数は同じになる。この混合比のときは，図(a)のようにしっかりとしたジャングルジムができる。次に図(b)のようにBの金具が不足した場合，何とか工夫してパイプをつないでみるが，どうもぐらついてしまう。図(c)ではAのパイプが足りなくて骨格もできない状態である。このようにA，Bどちらかが不足すると期待するジャングルジムができず強度不足になる。図(b)，図(c)の橋かけ不足の塗膜の上に塗料が塗り重ねられると耐溶剤性が悪くふやけてしわができ，はく離せざるを得ない不良な塗膜になる。したがってシンナーの添加も含め，主剤と硬化剤の混合を天びんで計量調合する習慣を身につける。同時に，塗料容器は清浄に保ち，異種塗料が混入しないように注意する。

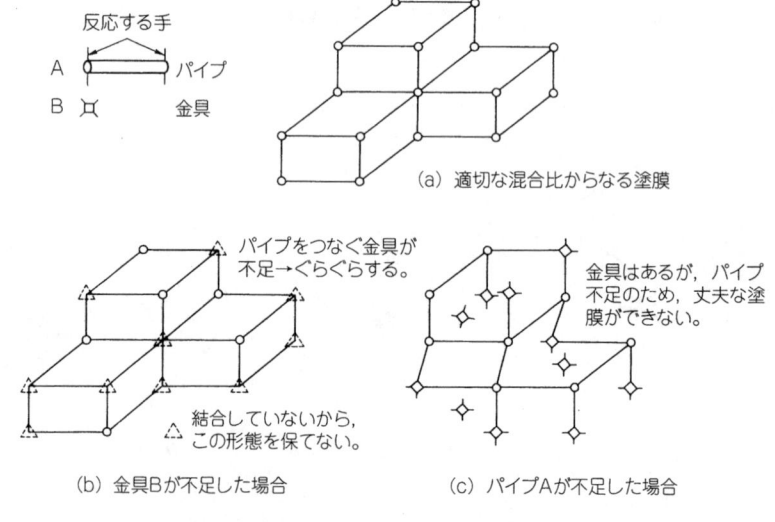

図5－2 2液形塗料調合における主剤と硬化剤の混合比の重要性

（3） 反応形塗料のポットライフ

　主剤と硬化剤を塗装に先立って調合すると，液内で化学反応が始まり，次第に増粘し，遂には固まってしまう（ゲル化）。増粘すると，レベリング（平たん性）が悪くなったり，ピンホール，はじき，吹付け塗装でガンノズル先端に糸ひきなどの現象が発生する。このような塗装の不具合が生じない時間範囲をポットライフ（可使時間）という。ポットライフは塗料の種類及び温度，湿度によって異なるが，20℃における大まかな目安を表5－1に示す。不飽和ポリエステル樹脂塗料で使用する場合，ポットライフが約30分と短いので塗装直前に調合し，塗装後はスプレーガンやはけなどの洗浄を速やかに行うことが大切である。このように反応形塗料は貯蔵できないので，適正量の調合を心掛ける。

表5－1　2液，多液形塗料のポットライフ

塗料の種類	ポットライフ（時間）
不飽和ポリエステル樹脂	0.5
2液形ポリウレタン樹脂	3～6
2液形エポキシ樹脂	4～10

1.2　塗装時

（1） 被塗物（木材素地）の状態確認を怠らないこと

　素材が過度に吸湿していたり，やにが残っていると塗膜割れ，乾燥不良やはじき，着色むらを生じるので素材を塗装できる状態に調節することが大切である。素地調整については第3章を参照すること。

（2） 粘度管理を怠らないこと

　塗装に適する粘度に調整しないと，当然欠陥が発生しやすい。スプレーガンを使用する場合，イワタカップによる落下秒数を約12秒（11～13秒）に調整する。

（3） 一度に厚塗りしないこと

　厚塗りすると，塗膜中にシンナーが残留するため，長時間経過しても硬い塗膜にならないことがある。

（4） 十分な塗装間隔をとること

　塗り重ねる場合には下の塗膜が十分に乾燥してから塗装しよう。乾燥が不十分だとチョコレートタイプの塗料では下塗り塗膜の溶解，クッキータイプの塗料では下塗りが冒され，正常な塗装面が得られないことがある。

図5−3 塗装時の悪い例（やってはいけないこと）

1.3 乾燥時

（1） 急激な加熱をしないこと（図5−4）

塗装後に急激に過熱すると，泡，ふくれ，ピンホールなどの欠陥を生じやすいので，適切な乾燥条件を守ること。

図5−4 乾燥時の悪い例（急激な加熱）

（2） 通気・換気を怠らないこと

乾燥場所では通気性をよくし，揮発した溶剤成分が滞留しないように必要に応じて換気することが大切である。通気・換気を怠ると乾燥不良が生じやすい。

（3） 磨き（ポリッシング）仕上げはよく乾燥してから行うこと

上塗り塗装面を鏡面仕上げにするときにはポリッシャを使用するが，十分に乾燥してから適用しないとコンパウンドで塗装面を傷付けてしまう。

（4） 不粘着性を確認すること

製品の出荷時には包装材でくるんだり，ロープがけで固定したりする。このとき，乾燥が不十分であると塗装面と包装材がくっついたり，ロープがけで傷付いたりする。手板を製品と同時に塗装し，この手板で不粘着性試験を行うとよい。

第2節 木工塗装特有な欠陥とは何か。なぜ起きるのか。

木材は，他の工業材料には見られない美しさと，加工性を持っている。また，その種類によるが表面に直径50～250μmの道管を持つ。したがって，鏡面仕上げを得ようとすれば多工程の塗り重ねを必要とし，数十ミクロン以上の塗膜厚を必要とする。さらに木材は，我が国では10～15％の含水率まで乾燥され実用化されているが，外気の温度，湿度との関係から生じる平衡含水率の変動により，絶えず膨張，収縮を繰り返している。

例えばウォールナット材は，環境湿度が10％から90％になるにつれ平衡含水率は6％から17％に変化し，木目方向，木目直角方向でそれぞれ2.5％寸法が増加する。一方，木工塗装工程では研磨作業性を重要視し，塗膜は硬い方向に設計される。これらの条件下において，残留溶剤の経時的な蒸発による塗膜の収縮，素材の動きに対する塗膜の順応性のバランスから塗膜の割れ現象は，木工塗装特有な欠陥とみられる。

2.1 やにの存在による欠陥とその対策

木工製品に使用される木材の中には，特殊材として，タンニン（フェノール化合物），やに分の多いものがある。特にコクタン，ローズウッド，シタン，チーク，パープルウッド及びマツ類などがある。この存在は，1つは塗膜の付着性を弱めたり，不飽和ポリエステル樹脂塗料を塗装する場合，配合により反応の引き金となる生成したラジカル（活性基）にタンニンが反応してラジカルを不活性化する。その結果，硬化不良や，後述の銀目発生につながる。これらの欠陥を防止するために，あらかじめ，やに止め及び上塗りとの付着性を配慮したポリウレタン樹脂系のシーラーを塗装するのが，現段階では効果的である。

2.2 素材の吸排水による塗膜の割れ発生とその対策

木工塗装において発生する割れの原因には,

① 図5-5 (a) に示す化粧合板の表面に張られた単板自体の割れが塗装系に波及する。
② 目止めの不完全から生じる素材と塗膜の間の空げき部分でのサンディングシーラーの割れが原因となる（図 (b)）。
③ 素材の外部環境による平衡含水率の変化による膨張，収縮に対する塗膜強度とのバランス差。

などにより発生する。いずれにせよ，まず一般に使用されるラッカーサンディングシーラーは，研磨性の付与のためステアリン酸亜鉛の金属石けんを含み，塗膜はぜい弱であり，厚膜で残すと割れが生じやすい。割れ対策には強じんな塗膜を形成する2液形ポリウレタン樹脂系のサンディングシーラーへの変更が有効である。素材への吸排水を少なくするには，水蒸気透過性の少ないポリウレタン又は不飽和ポリエステル樹脂塗料を下塗り～中塗りに使用することが，実用的で効果的な方法である。

木工塗装の塗膜の割れには，木目に沿ったものと，木目に交差するものがあり，前者をクラック，後者をチェックとも呼ぶ。

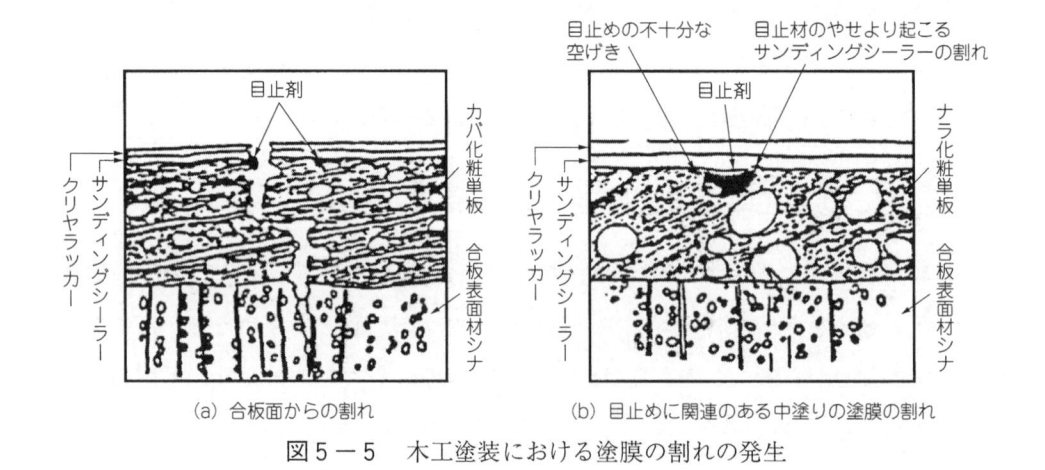

(a) 合板面からの割れ　　(b) 目止めに関連のある中塗りの塗膜の割れ

図5-5　木工塗装における塗膜の割れの発生

2.3 銀目の発生とその対策

銀目とは，不飽和ポリエステル樹脂塗料を下塗り，中塗り塗装した場合に生じやすい現象である。木目部分のところどころに銀のように輝いた不均一の部分が点在する。不飽和

ポリエステル樹脂塗料は急激に硬化し、そのときに生じる収縮応力により素地や下塗りとの付着性を悪くする。特に界面にやに分などが存在すると、この付着性阻害を増大させ、木目部分の底に空洞（すき間）をつくり、これが光線を反射し、銀のように輝いた外観を与える。これを一般には、銀目と呼んでいる。銀目の機構を図5－6に示す。

防止対策として、やに分をシールする目的で、下塗りとして上塗りとの付着性を配慮した2液形ポリウレタン樹脂系やに止めシーラーを使用する方法が有効である。

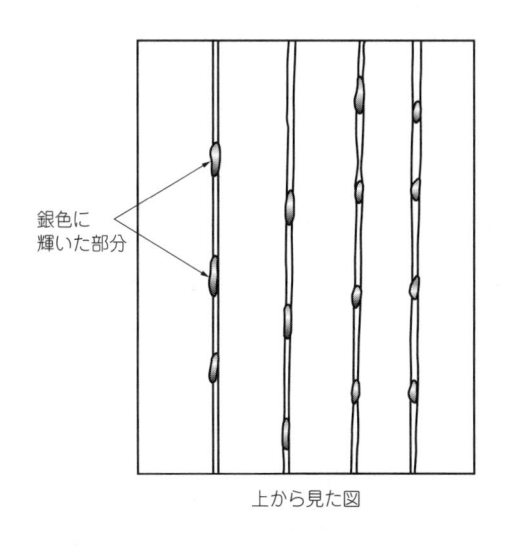

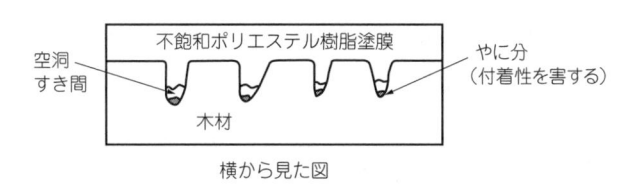

図5－6　不飽和ポリエステル樹脂塗料による銀目の発生

2．4　白ぼけの発生とその対策

木材にはその特有な材質感がある。その樹種の特徴をよりいっそう強調する着色、目止めなどの下地処理から塗膜の透明感、光沢度、塗り肌などの総合的な仕上がりが要求される。ところが仕上がった塗膜が初期又は経時により白く濁り透明感が悪くなり、鮮明性を欠く状態になることがある。これを白ぼけという。

木工の塗装系で、中塗りとして透明性のあるサンディングシーラーがあり、各種の塗料系がある。サンディングシーラーは、肉付きと塗膜の易研磨性を付与するためにステアリン酸亜鉛の金属石けんが配合される。そのため、その塗膜は厳密に見るとやや透明性に欠

け，厚膜の状態にその塗装工程で残すと白ぼけの状態で鮮明な仕上がりとならない。またクッキータイプの塗膜を与えるポリウレタンクリヤも多湿時に厚塗りすると，まず塗膜表面層が硬化し，内部からの溶剤の蒸発を阻害する。塗膜表面層には尿素結合が多く生成し，塗膜内部の硬化反応でウレタン結合が多く生成すると，表面層と内部層の相容性が悪くなり，白ぼけの状態になることがある。防止対策としてサンディングシーラーなどはよく研磨し厚膜として残さず，ポリウレタンクリヤは，一度で極端な厚塗りを避けることである。

2.5 熱いなべを置いたときに出る白いしみ

この現象は食卓塗装面によく見られる。一例として，土なべを湿らせたタオル上に置いたときに発生したテーブル塗装面の白しみで口絵11.に示す。土なべの底の輪郭が白しみとなって残っていることが認められる。木工塗装に使われる各種塗料について，塗膜の50℃での耐温水性を見ると，チョコレートタイプのラッカー系は白化しやすく，特にステアリン酸亜鉛を含むサンディングシーラーは，白化しやすい。

さらに金属板に塗られたこれらの塗膜上に沸騰水の入ったやかんを置いても，水分の存在なしでは白化は認められない。木材は熱伝導性も低く熱い物体の温度を集中して留め，これにより木材中に含まれる水分が蒸発して作用し，耐温湿性の弱い塗膜を白化させるものと考えられる。防止策としては，水分と温度を一緒に付加しないこと，白化したらヘアドライヤーで加熱することである。

2.6 目やせ

塗装により鏡面仕上げした表面が，経時的に肉やせし，木目部分が凹み落ち込む現象をいう。この原因には，以下のことが考えられる。

① 塗装時の木材の含水率
② 不完全な目止めとその収縮
③ 塗装間隔の不足による塗膜厚の経時的な減少
④ 木材の早材・晩材の存在による塗料の浸透むら

例えば，上記①に示す木材の脱湿によって目やせが生じるかどうかを調べた。同種木材で初期含水率の異なった試片に対して，同様の鏡面仕上げを行い，長期間自然放置した。初期含水率4.7％の木材塗装面の表面粗さは5μmで，19.5％のそれは7μmと大きかった*。

*：相沢正著「木工塗装の設計」(1969) ㈱理工出版社による。

よって，被塗物である木材の含水率の低下が目やせの原因であることを確認できた。

図5-7に示すような，不完全な目止めや目止めの収縮，素地研磨の研磨粉の不完全な除去，さらに針葉樹の早材・晩材の塗料の浸透むらに起因して目やせが発生することもある。

目やせを可及的に防ぐには，それぞれの要因を削除していくほかに，ち密な橋かけ構造を形成する不飽和ポリエステル樹脂又はポリウレタン樹脂塗料を塗装系に導入することが望ましい。

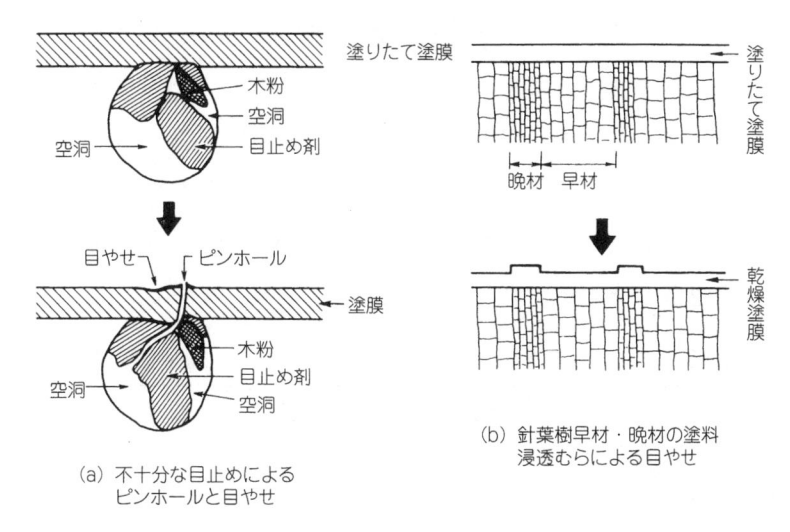

図5-7 塗膜のピンホール，目やせ

2.7 指紋の跡

仕上がった木工塗装の塗膜に白っぽい指紋模様が現れる現象である。ラッカーやウレタン系の中塗り，サンディングシーラーと上塗りの塗膜の間に生じることが多い。研磨面に指紋を付けたまま上塗りすると発生しやすい。

指先に付着している汗，油，化粧品などが原因となる。表5-2に指紋の原因と対策を示す。

表5-2 指紋の原因と対策

欠陥	原因	対策
指紋跡	1．中塗りの研磨面上に指紋を付けたまま上塗りする。 2．指先に，油性の汚れが付着している。	1．上塗りする前に中塗り研磨面に指紋を残さない。 2．きれいな手袋を着用して作業する。 （処置：指紋がついた場合は，指紋が消えるまで研磨再塗装する。）

2.8 汚れ（軟化）

　木工塗装製品は，その用途によってさまざまな物質と接触する。例えばダイニングテーブルは，食品，調味料，洗剤などの作用を受け，また人肌との接触を多く受ける。いすのひじ掛けは，常に私たちの手指などと触れ，これを媒体として多くの物質によって汚される。まず塗装は黒ずんだり黄ばんだり外観の変化を伴って軟化し，つめで簡単に引っかき落ちるまでになる。特にチョコレート形塗膜はこの傾向が多い。参考までに表5－3に4種類のチョコレート形塗膜であるアクリルラッカーについて，日常なじみ深い物質の塗膜に対する作用例を示す。ラッカーの種類によってその耐性が異なることと，植物性油脂の作用が強いことがわかる。

　特に木工塗装製品は，その用途に対応した塗料の選定は特に大切であり，汚れに対しては，クッキー形の塗膜の方がチョコレート形塗膜よりも優れている。

表5－3　チョコレート形塗膜の軟化性に及ぼす汚染物質の影響

汚染物 ＼ 試作塗料	塗膜A	塗膜B	塗膜C	塗膜D	条　件
塩ビシート材（耐可塑剤移行性）	◎	◎	○	×	95%R.H×50℃×48時間
耐サラダ油性	◎◎	◎◎	◎	△	〃
耐ひまし油性	◎◎	◎	◎	△	〃
耐ポマード性	◎◎	◎	○	×	〃
耐化学ぞうきん性	◎（跡）	◎（跡）	粘着	粘着	〃
耐マシン油性	◎◎	◎◎	◎◎	◎◎	〃
耐ハンドクリーム性	◎◎	◎◎	○	△	〃
耐ヘアーリキッド性	◎	○	△	×	〃
耐オーデコロン性	◎（跡）	○	△	×	〃
耐マヨネーズ性	◎◎	◎◎	○	×	〃
耐バター性	◎◎	◎◎	△	×	〃
耐アルコール性	◎◎	◎◎	◎◎	◎	1kg×10往復
耐ヘアークリーム性	◎◎	◎◎	◎	○	95%R.H×50℃×48時間
耐リンス性	◎◎	◎◎	◎	○	〃
耐人工汗性	◎◎	◎◎	◎◎	◎◎	〃
耐石けん水性	◎◎	◎◎	◎◎	◎◎	〃
耐口紅性	◎（色）	◎（色）	○	△	〃
耐漂白性	◎（白化）	◎（白化）	◎（白化）	◎（白化）	〃
耐殺虫剤性	◎◎	◎◎	◎◎	◎◎	〃
人間による摩耗汚染性テスト	◎◎	◎◎	○	×	12名×100回摩擦×30日間塗膜の軟化を試みる

◎◎：秀　　◎：優　　○：良　　△：可　　×：不可

2.9 変色

(1) 鉄汚染

タンニン分を多く含むナラ，クリなどは，加工時に鉄粉が付着すると水分の存在でタンニン鉄が生成し，青黒いしみとなる。鉄イオン$0.8mg/m^2$でその汚染をもたらす。塗装時にわからなくても塗装後に出てくることがある。これを未然に防ぐ方法として3％のシュウ酸水溶液で処理してシュウ酸鉄を生成し，次いで，再発防止のためにリン酸ナトリウム3％水溶液を塗布しリン酸鉄とする。

処理後はよく水洗し，塗料に悪影響のないようにする。

(2) 漂白剤による影響

塗料は，木材素地に残っている漂白剤によって変色（白化，黄変，赤変）することがある。これを防ぐためには，漂白後に十分な水洗い処理と乾燥を行うことである。

(3) 環境による影響

塗装後，高温，高湿，直射日光，薬品にさらされると木材自体が影響を受けるとともに，塗膜や着色も少なからず影響を受けるので保管場所の選定など注意が必要である。特に黄変形ポリウレタン樹脂塗料の塗膜黄変は著しい。

2.10 異種塗料の組合せ

塗装工程を組む上で，一般に同種の塗料の塗り重ねは問題を生じることが少ない。例えば，ニトロセルロースラッカーの場合，下塗りにラッカーウッドシーラー，中塗りにラッカーサンディングシーラー，上塗りにクリヤラッカー又はラッカーフラットを選択すると，塗り重ねによる欠陥を生じにくい。木工用塗料は種類が多く，それぞれ長所，特性を持っている。塗装目的に対して，各塗料の乾燥性，肉持ち性，研磨性，作業性，仕上がり感，価格など長所だけを取り上げて都合のよい塗装工程を組もうとするが，適切で好ましい組合せと不適切な組合せがある。

異種塗料の組合せで適切な場合の例として，不飽和ポリエステル樹脂塗料を用いた塗装系がある。不飽和ポリエステル樹脂塗料は，木材に対する浸透性，付着性がよくないので，2液形ポリウレタンシーラーを下塗りとして使用する。特に，やにのある木材へのワックス形不飽和ポリエステル塗装では，2液形ポリウレタンやに止めシーラーを2～3回塗布してからでないと，付着不良や硬化不良の障害を起こす。また，上塗り塗料には（磨き仕上げでは塗らないこともある），ニトロセルロースラッカー又は2液形ポリウレタン樹

脂塗料のクリヤ若しくはフラットを用いる。

　明らかに不適切な組合せは，化学反応せず溶剤揮発のみで乾燥するニトロセルロースラッカーの上に，反応硬化する酸硬化アミノアルキド樹脂塗料，ポリウレタン樹脂塗料，不飽和ポリエステル樹脂塗料を塗装した場合などである。下塗りラッカー塗膜は橋かけ形塗料に比べて強度的に弱く，かつ，上塗り塗料の溶剤により再溶解するなど，弱い土台の上に建物を建てるようなものであり，付着不良，縮み，クラックなどの欠陥が生じやすい。

　次に，塗料の組合せにより生じる主な問題点を示す。

（1）ニトロセルロースラッカー

　上塗りに酸硬化アミノアルキド樹脂塗料，ポリウレタン樹脂塗料，不飽和ポリエステル樹脂塗料を塗り重ねると，付着不良や縮みが生じる。

（2）セラックニス

① 主に建築塗装でオイルステインの色押さえ兼シーラーとして使ったり，やに止めとしても使うが，この上にはラッカーや油性ワニスは付着するが，酸硬化アミノアルキド樹脂塗料，ポリウレタン樹脂塗料（2液形，湿気硬化形，油変性），不飽和ポリエステル樹脂塗料では付着不良が生じる。

② オイルステインの上に塗る場合には，よく乾燥させてから塗らないと白ぼけ（付着不良）の原因となる。

（3）油性ワニス

　油性ワニスは硬化乾燥が遅く，上塗りのほかの塗料の方が先に乾燥し，その後ゆっくり乾くので，やがて塗膜間の接着面でずれを生じて付着不良，白化などが生じやすい。

（4）2液形ポリウレタン樹脂塗料

① オイルステインや調合ペイントの上にポリウレタン樹脂塗料を塗布すると，縮みや付着不良などが生じる。

② 酸硬化アミノアルキド樹脂塗料の上にポリウレタン樹脂塗料を塗布すると，付着はよいがウレタン塗膜が黄変する。

③ ラッカーの上にポリウレタン樹脂塗料を何回か塗ると，縮みや付着不良が生じる。

（5）湿気硬化形ポリウレタン樹脂塗料

① 2液形ポリウレタン樹脂塗料との組合せは，付着性が悪い場合がある。

② ニトロセルロースラッカーの上に塗ると付着不良が生じる。

（6）油変性ポリウレタン樹脂塗料

　ラッカーサンディングシーラーの上に塗ると付着不良が生じる。

(7) 不飽和ポリエステル樹脂塗料

ラッカーや油性塗料の上に塗ると硬化不良やふくれが生じる。下塗りは，ポリウレタン/ポリエステル混合塗料か２液形ポリウレタンシーラーに限られる。

(8) UV硬化塗料

ラッカーや油性塗料の上に塗るとふくれ，クラックが生じる。

木工塗装の仕上がりは，それぞれの工程が持つ機能の総合的な結果である。ある工程で発生したトラブルは，仕上がりの結果に必ず反映される。したがって各工程で発生したトラブルを見落とすことなく，原因を迅速にとらえ対処しなければならない。本章はこの点を中心に述べたもので，十分に理解し，活用するとよい。

━━━━━━━━━━━━━━━━━━ 練 習 問 題 ━━━━━━━━━━━━━━━━━━

次の文について，正しいものには○を，誤っているものには×を付けなさい。

（1）ブラッシング（白化現象）は，揮発性塗料よりも油性塗料の方が生じやすい。

（2）ポリウレタン樹脂塗料を塗る場合，下塗りにクリヤラッカー（硝化綿樹脂塗料）を塗装すると付着性がよくなる。

（3）吹付け塗装において生じるゆず肌は，吹付け条件に関係なく乾燥の遅い塗料ほど生じやすい。

（4）ローズウッド，コクタン，チークなどのあく（タンニン分）の多い木材に，不飽和ポリエステル樹脂塗料の塗装を行うと，塗膜が硬化しないことがある。

（5）ラッカー（硝化綿樹脂塗料）による塗装は，目やせを生じやすいが，下塗り，中塗りにポリウレタン樹脂塗料を使うと目やせ防止に効果がある。

（6）ラッカーサンディングシーラーを厚塗りし十分に研ぎおろさないと，塗膜に割れを生じやすい。

（7）木工塗装でピンホールは，目止めが不完全で塗料を厚塗りしたときに生じやすい。

（8）ある木工塗装系で，その目止めの上から塗膜がはく離した。この現象は，目止め剤のふき取り不足，目止めの乾燥不十分又は，その体質顔料の不適によるものである。

第6章 安全衛生

> **キーポイント**
>
> ① 塗料は，樹脂や溶剤，顔料などの化学物質からなる危険物であり，有害性物質が含まれていることもあるので，法令や規則に従い安全に取り扱うことが必要である。
> ② 労働安全衛生法の目的は，職場における労働者の安全と健康を守るとともに快適な作業環境をつくることである。
> ③ 塗料を安全に使用することや環境を保護するために消防法，PRTR法（廃棄に関する規制）やVOC（揮発性有機化合物）規制などがある。
> ④ MSDS（化学物質安全データシート）は，化学製品の危険・有害性情報と安全な取扱いに関する情報を積極的に提供し，安全衛生上の災害や事故を未然に防止するためにある。

第1節　住環境に関すること

1.1　有機溶剤中毒予防規則

　労働安全衛生法は，通称「安衛法」と呼ばれており職場における労働者の安全と健康を守るとともに快適な作業環境をつくることを目的とした法律で化学物質に関する事項も定められている。各種の安全衛生規則が定められており，有機溶剤中毒予防規則，特定化学物質等障害予防規則が代表例である。

　塗料は，溶剤（シンナー）や樹脂，顔料などの化学物質からなるが，可燃物であることや有機溶剤を含有していることに注意しなければならない。引火性や爆発性を有する塗料は，危険物であり有機溶剤（シンナー）や化学物質からなるので安全に取り扱うためには法令や規制に従わなければならない。

　塗装作業を行うに当たって，塗料には有機溶剤が使用されているので，その溶剤蒸気による中毒対策が必要である。有機溶剤は，化学物質（樹脂などの塗膜形成主要素）をよく溶かす性質を有しており，塗装や洗浄などの作業に多く使用される。しかし，有機溶剤は，蒸発しやすく，また脂肪を溶かすことから呼吸器や皮膚を通じて体内に吸収されることが知られている。この体内に吸収された有機溶剤が，中枢神経などへ作用して急性中毒や慢性中毒を

発生させることがある。有機溶剤中毒予防規則は，作業者の有機溶剤による中毒の予防を目的としたものであり，54種類の有機溶剤を有害性の程度により3種に分類し，発散源の密閉設備，局所排気装置などの設置，作業主任者の選定，装置の自主点検，作業環境測定，健康診断の実施，保護具等の使用を規定するとともに，貯蔵方法，処理方法について規定している。有害性の程度により有機溶剤を分類した代表例を表6－1に示す。

表6－1　有機溶剤の有害性

第1種有機溶剤	有害性の強いもの	クロロホルム，四塩化炭素，トリクロルエチレン
第2種有機溶剤	有害性の中程度のもの	アセトン，エチルエーテル，キシレン，トルエン，クロルベンゼン，酢酸エチル，酢酸ブチル，メタノール，1-ブタノール
第3種有機溶剤	有害性の弱いもの	ミネラルスピリット，石油ナフサ，テレビン油，ガソリン

各種化学物質を取り扱う作業者にガンや皮膚炎，神経障害などを発症させる可能性のある物質は，特定化学物質等障害予防規則で規制されている。特定化学物質は，製造禁止物質から第3類物質まで4種類に分類されており，分類ごとに製造の許可，設備の密閉化，排気装置などで暴露防止の手段が定められている。代表的な物質を表6－2に示す。

表6－2　特定化学物質

禁止物質	ビス（クロロメチル）エーテル
第1類物質	塩素化ビフェニル，ベンゾトリクロリド
第2類物質	塩化ビニル，アクリルアミド，アクリロニトリル
第3類物質	アンモニア，フェノール，ホルムアルデヒド

これらの物質を取り扱う場合には，作業者に注意事項を周知させておくとともに，作業の記録や健康診断の結果を5年間，一部物質については30年間保存するように義務付けている。

1．2　PRTR法

PRTRとは，Pollutant Release and Transfer Registerの略で，環境汚染物質排出移動登録制度と訳す。平成11年に「特定化学物質の環境への排出量の把握等及び管理の改善の促進に関する法律」（略称，化学物質排出把握管理促進法，通称"PRTR"法）が法制化され，平成14年度から対象事業者は，対象化学物質の環境中への排出量を把握し，それを所管の大臣である経済産業大臣あてに都道府県の知事経由で届け出ることが義務付けられた。

PRTRの背景にある重要な考え方は，個人が有害物質の情報を含め，PRTRデータから化学物質の排出状況や管理状況を知ることにより環境中や身の回りの化学物質に関心を持

ち，家庭などで用いられている有害性のある化学物質の使用を削減し，化学物質による環境リスクを削減することにある。世界の化学製品の大部分を生産する先進工業国が加盟している経済協力開発機構では，環境汚染物質の制定や移動・廃棄に関する規制が各国の実状に応じて法制化されている。

日本のPRTR法では，対象化学物質の環境中への排出量を把握し，届け出ることが義務付けられている。日本のPRTR法で対象とされている化学物質の数は354である。人の健康を損なうおそれ，又は動植物の生息・生育に支障を及ぼすおそれがあるもの，自然的作用による化学変化により人や環境に有害な影響を及ぼすものを生成するもの，さらにオゾン層破壊物質などが含まれており，表6－3のように分類されている。

塗料から排出される揮発性有機化合物VOCの中で，PRTR法の規制を受ける主な物質はトルエンとキシレンの2種類であり，その揮発量は表6－3に示す揮発性炭化水素化合物の総量のおよそ78％を占めると推算されている。

表6－3　日本で定められている環境汚染物質（354物質）の分類

揮発性有機化合物	ベンゼン，トルエン，キシレンなど
有機塩素系化合物	ダイオキシン類，トリクロロエチレンなど
農　　薬	臭化メチル，フェニトロチオン，クロルピリホスなど
金属化合物	鉛及びその化合物，有機すず化合物など
オゾン層破壊物質	CFC，HCFCなど
そ　の　他	石綿など

1．3　VOC規制

VOCとは，Volatile Organic Compounds（揮発性有機化合物）のことで，塗料原料中の塗膜にならない成分である有機溶剤類である。これらVOCは塗料製造工程や塗装時に大気に排出されると，大気を汚染したり，光化学スモッグに変化したりするものもある。

環境省の大気汚染防止法改正によるVOCの定義は，「大気中に排出され，また飛散したときに気体である物質」である。塗料に使用される一般的な有機溶剤は，芳香族炭化水素系，アルコール系，ケトン系，酢酸エステル系や石油系混合溶剤類であり，おおよそ沸点が100～200℃程度である。なお少量ではあるが，250℃程度の高沸点溶剤も使用されている。大気汚染防止法の改正は，2010年をめどに全体として2000年に対して30％程度のVOC削減を目標としている。

住宅の気密化や化学物質を放散する建材・内装材の使用により居住者の体調不良，健康

障害などが数多く報告されており，シックハウス症候群又は化学物質過敏症と呼ばれている。原因としてはさまざまな因子を含んでいるが，室内に何らかの汚染源，化学物質が存在しており，それを取り除くこと，又は極力排除することで対処が可能となる。厚生労働省は，快適な室内環境を実現するため揮発性有機化合物（VOC）についてのガイドライン値，人が快適に住めるための室内濃度値を設定している。表6－4に揮発性有機化合物（VOC）の指針値及びその測定法を示す。

表6－4　厚生労働省のVOC指針値及び測定法

化学物質名	室内濃度指針値		採取・測定法	
	(μg/m3)	(ppm)		
ホルムアルデヒド	100	0.08	固相吸着/溶媒抽出法	HPLC[*2]
アセトアルデヒド	48	0.03		
トルエン	260	0.07	固相吸着/溶媒抽出	GC／MS[*3]
キシレン	870	0.20		
パラジクロロベンゼン	240	0.04	固相吸着/加熱脱着	
エチルベンゼン	3800	0.88		
スチレン	220	0.05	容器採取	
テトラデカン	330	0.04		
フタル酸ジ-n-ブチル	220	0.02	固相吸着/溶媒抽出	
フタル酸ジ-2-エチルヘキシル	120	7.6 ppb[*1]	固相吸着/加熱脱着	
クロルピリホス	1（小児は0.1）	0.07（小児は0.007）ppb[*1]	固相吸着/溶媒抽出	
ダイアジノン	0.29	0.02 ppb[*1]		
フェノブカルブ	33	3.8 ppb[*1]		
総揮発性有機化合物量（TVOC）	400（暫定目標値）		固相吸着/加熱脱着	

[*1]　1ppb：0.001ppm　　[*2]　HPLC：高速液体クロマトグラフィー　　[*3]　GC/MS：ガスクロマトグラフ質量分析

塗料・塗装からのVOC排出抑制については，大きく分けて3つの方法がある。

① 塗料からVOCに該当する化学物質を極力抑制する。

② 塗装方法においては，溶剤などの希釈をできる限り少なくし塗着効率を上げるような塗装方法，塗装機を選択する。

③ 塗装後に出るVOCを塗装現場で（燃焼や吸着など）処理をする。

これらの方法は各々単独で使用されることもあるが，一般的には3つの方法を適切に組み合わせて用いられることになる。VOCに該当する環境対応型塗料としては，ハイソリッド形塗料，UV塗料，無溶剤形塗料，水系塗料，粉体塗料などが挙げられる。

第2節　表示に関すること

2．1　危険物表示

　一般的に危険物というと，引火性物質，爆発性物質，毒劇物，放射性物質など危険性のある物質を称している場合が多い。これらの物質は，その貯蔵，取扱いなどにおける安全確保のために種々の法令により保安規制が行われている。

　塗料は，溶剤（シンナー）や樹脂，顔料などの化学物質からなるので引火性や爆発性などの危険性を有しているため，ひとたびその取扱いを誤れば，火災・爆発などの災害を引き起こす潜在的な危険性を有している。したがって，塗料を安全に取り扱うためには法令や規制に従い安全を確保しなければならない。消防法では，指定数量以上の危険物の貯蔵又は取扱いを禁止しており，指定数量以上の危険物を貯蔵し，取り扱う場合には，許可を受けた施設において，政令で定める技術上の基準に従わなければならないとされている。

　溶剤形塗料及びシンナー類の大部分にはトルエンやキシレンなどのような引火の危険性がある物質が含まれており，消防法により危険物第4類（引火性液体）に分類されている。水性塗料であっても少量の有機溶剤（アルコール類）を含むこともあり，危険物になる。危険物第4類は，引火点を基準に分類されている。なお，引火点は引火点測定器により測定し判定される。危険物第4類の品名と指定数量を表6-5に示す。

表6-5　消防法における第4類及び指定数量

分類	品名	性質	備考（引火点など）	指定数量
第4類	特殊引火物	ー	発火点が100℃以下又は引火点が-20℃以下で沸点が40℃以下のもの	50ℓ
	第一石油類	非水溶性液体	引火点が21℃以下のもの	200ℓ
		水溶性液体		400ℓ
	アルコール	ー	炭素原子数1〜3の飽和一価アルコール類	400ℓ
	第二石油類	非水溶性液体	引火点が21℃以上70℃未満の塗料類等	1000ℓ
		水溶性液体		2000ℓ
	第三石油類	非水溶性液体	引火点が70℃以上200℃未満の塗料類等	2000ℓ
		水溶性液体		4000ℓ
	第四石油類	ー	引火点が200℃以上250℃未満の塗料類等	6000ℓ
	動植物油類	ー	動物の脂肉など又は植物の種子や果肉から抽出した引火点が250℃未満のもの	10000ℓ

「危険物の保安管理（一般編）」（財）全国危険物安全協会による。

塗料などの危険物の運搬に際しては，容器の外部に次の事項を表示しなければならない。
① 危険物の品名，危険物等級及び化学名
② 第4類の危険物のうち，水溶性の性状を有するものには「水溶性」と表示する。
③ 危険物の数量
④ 収納する危険物に応じてそれぞれの注意事項

2.2 化学物質安全データシート（MSDS）

塗料は多くの化学物質からなる複雑な混合物であり，化学物質が人の健康や環境へ影響を与える原因となる。このため化学物質の使用に際して，健康への影響，環境への影響を防止するための情報を提供する必要が出てくる。化学製品の直接の取扱者に対しては「製品のラベル」によっての情報提供が行われているが，製品のラベルは限られた面積のため必要最低限の情報を提供するに過ぎない。もっと詳細な情報を積極的に提供することを目的としてMSDSが誕生した。MSDS（Material Safety Data Sheet）は，化学物質安全データシートのことであり，化学物質の名称，物理化学的性質，危険有害情報，取扱い上の注意などについての情報を記載したシートである。化学業界の自主的活動であったMSDSは，2000年から施行された"化学物質管理促進法"によりその取扱いが変化した。記載内容の正確さが求められると同時に，事業者間で化学製品の取引時にMSDSを交付することが義務付けられた。化学物質管理促進法では，指定化学物質，第1種；354物質群，第2種；81物質群をMSDSの対象にしている。塗料のような混合物製品では対象物質を1％以上含有する場合に記載が必要である。

塗料の製造者が塗料を出荷するときに，取り扱う管理者などに対して詳しい情報を提供することで，従業員教育などに活用してもらい，安全性の向上を図るとともに，安全衛生上の災害・事故を未然に防止することを目的とする。例えば，社会問題となっているシックスクールや化学物質過敏症などの原因物質が塗料に含まれていないことをMSDSで証明できる。

MSDSの記載事項は，国際的な基準に従い次の16項目よりなる。

1）化学物質等及び会社情報，2）危険有害性の要約，3）組成，成分情報，4）応急措置，5）火災時の措置，6）漏出時の措置，7）取扱い及び保管上の注意，8）暴露防止及び保護措置，9）物理的及び化学的性質，10）安定性及び反応性，11）有害性情報，12）環境影響情報，13）廃棄上の注意，14）輸送上の注意，15）適用法令，16）その他の情報

一例として表6-6に2液形の床用塗料であるエポキシ樹脂塗料（主剤）のMSDSを示す。

表6－6　塗料のMSDSの一例

製品安全データシート

[混合物用（塗料用）]

整理番号　JPMA-2000-005

製造者情報	会　社　名	日本塗料工業株式会社		
	住　　　所	〒150-0013　東京都渋谷区恵比寿3－12－8		
	担当部門	製品安全部	担　当　者	日塗　一郎
	電話番号	03-3443-2011	FAX番号	03-3443-3599
	緊急連絡先	担当部門に同じ	電話番号	担当部門に同じ
	作　成　者	日塗一郎	作成・改定	2000．1．20
製品の特定	製　品　名	床用エポキシ樹脂塗料　主剤		
	製品説明	種　　類：エポキシ樹脂系塗料　主剤 主な用途：床用塗料		

物質の特定	成分及び含有量（危険有害物質を対象）			
	成　分　名	CAS No.	含有量（％）	備　　考
	エポキシ樹脂類	25068-38-6	30.0	
	酸化クロム	1308-38-9	15.0	PRTR 1 種
	トルエン	108-88-3	25.0	PRTR 1 種
	メチルイソブチルケトン	108-10-1	7.0	

危険有害性の分類	分類の名称：引火性液体，急性毒性物質，その他の有害性物質
	危険有害性コメント ☆非常に燃えやすい液体である。蒸気が滞留すると爆発の恐れがある。 ☆有機溶剤中毒を起こす恐れがある。 ☆変異原性の恐れがある物質を含有している。 ☆アレルギー症状を引き起こす恐れがある物質を含有している。

応急措置	目に入った場合	☆直ちに大量の清浄な水で15分以上洗う。まぶたの裏まで完全に洗うこと。 ☆出来るだけ早く医師の診断を受けること。
	皮膚に付着した場合	☆付着物を布で素早く拭き取る。 ☆大量の水及び石鹸又は皮膚用の洗剤を使用して十分に洗い落とす。 　溶剤，シンナーなどは使用しないこと。 ☆外観に変化が見られたり，痛みがある場合には医師の診断を受けること。
	吸入した場合	☆蒸気，ガス等を大量に吸い込んだ場合には，直ちに空気の新鮮な場所に移し，暖かく安静にする。呼吸が不規則，止まっている場合には人工呼吸を行う。嘔吐物は飲み込ませないようにする。直ちに医師の手当てを受けさせること。 ☆蒸気ガスを吸い込んで気分が悪くなった場合には，空気の清浄な場所で安静にし，医師の診断を受けること。
	飲み込んだ場合	☆誤って飲み込んだ場合には，安静にして直ちに医師の診断を受けること。 ☆嘔吐物は飲み込ませないこと。 ☆医師の指示による以外は無理に吐かせないこと。

整理番号　JPMA-2000-005

火災時の措置	使用可能消火剤	水 [ ], 炭酸ガス [○], 泡 [○], 粉末 [○], 乾燥砂 [○], その他 [　　　　　　]
	消火方法	☆水を消火に用いてはならない。 ☆適切な保護具（耐熱性着衣など）を着用する。 ☆可燃性のものを周囲から素早く取り除く。 ☆指定の消火剤を使用すること。 ☆高温にさらされる密閉容器は水を掛けて冷却する。 ☆消火活動は風上から行う。
漏出時の措置		☆作業の際には適切な保護具（手袋，保護マスク，エプロン，ゴーグル等）を着用する。 ☆漏出物は密閉できる容器に回収し，安全な場所に移す。 ☆乾燥砂，土，その他の不燃性のものに吸着させて回収する。大量の流出には盛り土などで囲って流出を防止する。 ☆付近の着火源，高温体及び付近の可燃物を素早く取り除く。 ☆着火した場合に備えて，適切な消火器を準備する。 ☆衝撃，静電気にて火花が発生しないような材質の用具を用いて回収する。 ☆付着物，廃棄物などは，関係法規に基づいて処置をすること。 ☆河川等へ排出され，環境への影響を起こさないように注意する。
取扱，保管上の注意	取扱上の注意	☆換気の良い場所で取り扱う。 ☆容器はその都度密栓する。 ☆周囲で，火気，スパーク，高温物の使用を禁止する。 ☆静電気対策のため，装置などは接地し，電気機器類は防爆型（安全増）を使用する。 ☆工具は火花防止型のものを使用する。 ☆作業中は，帯電防止型の作業服，靴を使用する。 ☆使用済みウエス，塗料カス，スプレーダスト等は廃棄まで水に漬けておくこと。 ☆密封された場所における作業には，十分な局所排気装置を付け，適切な保護具を付けて作業すること。 ☆皮膚，粘膜，又は着衣に触れたり目に入らぬよう適切な保護具を着用する。 ☆取扱後は手・顔などをよく洗い，休憩所等に手袋などの汚染した保護具を持ち込まないこと。 ☆過去に，アレルギー症状を経験した人は取り扱わないこと。
	保管上の注意	☆日光の直射を避ける。 ☆通風の良いところに保管する。 ☆火気，熱源から遠ざけて保管する。
暴露防止措置	設備対策	☆取り扱い設備は防爆型を使用する。 ☆排気装置を付けて，蒸気が滞留しないようにする。 ☆液体の輸送，汲み取り，攪拌などの装置についてはアースを取るよう設備する。 ☆取り扱い場所の近くには，高温，発火源となるものが置かれないような設備とすること。 ☆屋内塗装作業の場合は，自動塗装機等を使用するなど作業者が直接暴露されない設備とするか，局所排気装置などにより作業者が暴露から避けられるような設備にすること。 ☆タンク内部などの密閉場所で作業をする場合には，密閉場所，特に底部まで十分に換気が出来る装置を取り付けること。
	保護具　目の保護	☆取り扱いには保護メガネを着用すること。
	皮膚の保護	☆有機溶剤又は化学薬品が浸透しない手袋を着用する。
	呼吸系の保護	☆有機ガス用防毒マスクを着用する。 ☆密閉された場所では送気マスクを着用する。
	その他の保護具	☆静電塗装を行う場合は通電靴を着用する。

整理番号　JPMA-2000-005

製品の物理／化学的性質	状態	液体 [○], 気体 [ ] 固体：固形状 [ ], 粉末状 [ ], ペースト状 [ ]		
	色：緑色　　　臭気：溶剤臭あり			
	沸点：110.6～117℃（参考値）　　蒸気圧：4,893Pa（30℃）（参考値）			
	密度（比重）：1.46　　　　　　pH値：該当せず			
	その他 　特になし。			
危険性情報	製品特数	引火性：4.0℃　　　　　　発火点：460℃（参考値)		
		爆発限界：（下限）　　1.2%　　（上限）8.0%		
	反応性 安定性	接触により危険性のある物質 　　酸化剤		
		燃焼などによる有害性ガスの発生 　　CO等の有害ガスを発生する恐れがある。		
		その他の反応性情報 　　セットの硬化剤，アミン類，有機酸類等と反応する。		
	その他の危険性情報 　特になし。			
有害性情報	組成物質の有害性及び暴露濃度基準			
		物　質　名	管理濃度	ACGIH（TLV）	IARC	その他の有害性
		エポキシ樹脂類				感作性の恐れあり。変異原性の恐れあり。
		酸化クロム		0.5mg/m³（Cr）	3	
		トルエン	100ppm	50ppm		LD50（Oral）：5,000mg/kg（rat）
		メチルイソブチルケトン	50ppm	50ppm		LD50（Oral）：2,080mg/kg（rat）
	組成物質に関するその他の有害性情報 　特になし			
	製品に関する有害性情報 　製品としての安全性試験は行っていない。			
環境影響情報	☆漏洩，廃棄などの際には環境に影響を与える恐れがあるので取り扱いに注意する。 　特に，製品や洗浄水が地面，川や排水溝に直接流れないように対処すること。			

廃棄上の注意	☆廃塗料，容器の廃棄物は，許可を受けた産業廃棄物処理業者と委託契約をして処理する。 ☆容器，機械装置等を洗浄した排水等は，地面や排水溝へそのまま流さないこと。 ☆廃水処理，焼却などにより発生した廃棄物についても，廃棄物の処理及び清掃に関する法律及び関係する法規に従って処理を行うか，委託すること。 ☆廃塗料などを焼却処理をする場合には，珪藻土に吸着させて，開放型の焼却炉で少量ずつ焼却する。	
輸送上の注意	共　通	☆取り扱い及び保管上の注意の項の記載に従うこと。 ☆容器漏れの無いことを確かめ，転倒，落下，損傷が無いように積み込み，荷崩れ防止を確実に行うこと。
	陸上輸送	☆消防法，労働安全衛生法，毒劇法に該当する場合は，それぞれの該当法規に定められている運送方法に従うこと。
	海上輸送	☆船舶安全法に定めるところに従うこと。
	航空輸送	☆航空法に定めるところに従うこと。
	国連番号	1263
主な適用法令	☆労働安全衛生法　　危険物：引火性のもの 　　　　　　　　　　有機則：第2種有機溶剤 ☆消防法　第4類　第1石油類 ☆船舶安全法　中引火点引火性液体	
その他	主な引用文献 ☆（社）日本塗料工業会編「原材料物質データベース」 ☆溶剤ポケットブック ☆危険防災救急便覧 ☆国際化学物質安全カード（ICSC） ☆NIOSH「RTECS」 ☆化学工業日報社「化学品安全管理データブック」 ☆日本科学会編「科学防災指針集成」	

［注意］
　危険，有害性の評価は必ずしも十分ではありませんので，取り扱いには十分ご注意下さい。

（社）日本塗料工業会：「MSDS作成ガイドブック第4版（2000）」

2.3 F☆の表示

シックハウスや化学物質過敏症などが社会問題となり，建材・内装材に使用される塗料から発生するVOCで人の健康に悪影響を与える物質があり，厚生労働省のVOCガイドライン指針値（表6－4）の中でホルムアルデヒドは0.08ppmと設定されている。

日本塗料工業会の自主管理規定では，内装用途に使用される塗料のホルムアルデヒド放散速度を化学的に調査し，発散がほとんど認められない材種については，一定の条件（社内試験証明書，外部試験証明書，分析データなど）をクリアした場合に日本塗料工業会の自主管理規定によるF☆☆☆☆マークの表示を許可している。F☆マークは，建築基準法規制対象建材のホルムアルデヒド放散速度についてその程度を容易に判別できるよう表示を行うもので，表6－7のように規定されている。F☆マークは，規制対象建材からのホルムアルデヒドの放散速度に関して表示される物であり，他の化学物質（トルエン，キシレンなど）の放散速度とは関係がない。

表6－7　F☆マークの表示とその内容

ホルムアルデヒド放散等級	ホルムアルデヒド放散速度	内装使用制限
F☆☆☆☆	$5\mu g/m^2h$以下	制限なし
F☆☆☆	$5\sim20\mu g/m^2h$以下	使用面積が制限される
F☆☆	$20\sim120\mu g/m^2h$以下	
表示なし	$120\mu g/m^2h$超	使用できない

===== 練 習 問 題 =====

次の文について，正しいものには○を，誤っているものには×を付けなさい。

（1）労働安全衛生法の代表例は，有機溶剤中毒予防規則及び特定化学物質等障害予防規則である。

（2）有機溶剤は，蒸発しやすく呼吸器や皮膚を通じて体内に吸収され，急性中毒や慢性中毒を発生させる。

（3）トルエン，キシレンなどは，有害性が強く有機溶剤中毒予防規則で第1種有機溶剤に分類される。

（4）塗料に使用される一般的な有機溶剤は，水とアルコール類である。

（5）厚生労働省は，VOCについて人が快適に住めるための室内濃度値を設定している。

（6）UV塗料とハイソリッド塗料は，VOCの削減を可能にする環境対応型塗料ではない。

（7）塗料は，消防法では危険物第4類（引火性液体）に分類される。

（8）21℃以下の引火点を有する水性塗料は，危険物第4類第二石油類に分類される。

（9）塗料のような混合物製品では，指定化学物質2％以上の含有率でMSDSに記載することが求められている。

（10）F☆☆マークの塗料は，建築用塗料として内装用途に使用される場合，使用制限は受けない。

練習問題の解答及び解説

【第1章】

（1）○　一般的に針葉樹の方が成長は早く，組織が比較的単純なため，建築用構造材に適する。

（2）×　ナラは広葉樹であり，年輪界に沿って道管が並んでいるので環孔材である。

（3）○　木材の断面に見られる年輪は1年に1つずつ増えていき，年輪の幅が成長の様子を表している。

（4）×　口絵1．及び本章の図1－5を見てみよう。柾目材と板目材の差異は木取りにある。柾目材は中心軸を含んで木取られるため，年輪界は直線模様となる。

（5）×　化粧合板とは普通合板に木理の美しい単板（突き板）を張り付けたものである。突き板には0.2mm以下（薄突き）と，0.5mm以上（厚突き）がある。

（6）○　比強度とは比重1に換算した強度であり，木材の比重は一般に0.4～0.7と小さいため，引張りや曲げ強度などはコンクリートや鉄に比べて大きい。

（7）○　タンニンは木材のあく成分であり，ビヒクルポリマーのラジカル重合反応を阻害するため，不飽和ポリエステル樹脂塗料やUV硬化塗料などは硬化不良になる。

（8）○　外部用木材は吸水・脱水によって寸法変化が大きく，塗膜が追従できずに割れてしまう。この欠陥を防ぐには，木材の寸法変化を小さくする改質処理を採用するか，破壊伸びの大きい塗装系にする必要がある。

（9）×　塗装系とは，下塗り，中塗り，上塗り塗料などのように，複数回塗る組合せである。下塗りと上塗り塗料の組合せであっても塗装系と呼ぶ。

（10）○　上塗りの種類は下塗り塗料で決まる。下塗りにチョコ（第2章参照）を選んだら上塗りはチョコになる。一方，下塗りをクッキーにすると，上塗りはチョコでもクッキーでも自由に選択できる。

【第2章】

1．

（1）×　ラッカーは乾燥前後で塗膜の主成分であるポリマーの分子量が変化しない塗料であり，チョコタイプの塗膜を形成する。

（2）×　エマルション塗料はポリマー粒子の融着により連続被膜となる。この融着過程で化学反応が起き，ポリマーの分子量が増大すればクッキータイプの塗膜を形成する。

（3）×　漂白剤には強酸や強アルカリを使用するので，動物の毛を使用したはけは脱色，変質するので使用してはいけない。ナイロンばけがよい。

（4）○　乾性油は空気中の酸素で重合し，反応熱を発生するから，乾性油が付いたウエスをまとめて放置すると火災の危険性がある。

（5）×　パテのような高粘度の目止め剤にはへらが，低粘度の目止め剤にははけが適する。どちらも道管に押し込むように充てんする。

（6）○

（7）× UV硬化塗料の主成分はアクリル樹脂やウレタン樹脂と化学結合したアクリル系樹脂であり，耐候性は優れている。屋外用途にも適する。

（8）× 油性目止め剤の特徴は乾燥が遅いことであり，ふき取りにより濃淡を付けて木理を強調できる。夏場は乾燥が速まるので蒸発速度の遅い石油系希釈剤を加えることはあるが，速める希釈剤を使用しない。

（9）○ 図2-1に示す塗料の基本組成をよく理解しよう。塗膜になる成分のうち，主成分は連続被膜を形成する塗料用樹脂であり，塗膜の性能を支配する。

（10）× 過酸化水素水は酸化剤及び還元剤として作用する。漂白剤にはなるが，はく離剤にはならない。はく離剤は塗膜を膨潤させる溶剤，又は強アルカリが効果的である。

（11）○ やにはポリフェノール成分が多く含まれており，ラジカル重合反応を阻害する。

（12）× 硬化剤と促進剤とが直接接触すると，一気にラジカル反応が生じるので爆発の危険性がある。樹脂中に促進剤を均一に混合し，その後で硬化剤である過酸化物を混合することが肝要である。

（13）× ラッカーシンナー中にはアルコールが含まれており，このアルコールが2液形ウレタン塗料の硬化剤であるイソシアネート化合物と化学反応するため，主剤と反応する硬化剤が少なくなる。その結果，塗膜の強度を始め，各種性能が低下する。

（14）× 広く普及している塗装系は，下塗りにクッキータイプの塗膜を形成する2液形ウレタン，上塗りにチョコタイプの塗膜を形成する硝化綿ラッカーの組合せである。上塗りの種類は下塗り塗料で決まる。下塗りにチョコを選んだら上塗りはチョコになる。一方，下塗りをクッキーにすると，上塗りはチョコでもクッキーでも自由に選択できる。

（15）× 2液形ポリウレタン樹脂塗料は，主剤のポリオール樹脂と硬化剤のイソシアネート化合物が付加反応して，主剤の分子量が増大し，クッキータイプの塗膜を形成する。

2．
(A) ⑬, (B) ⑭, (C) ②, (D) ③, (E) ⑪, (F), (G) ⑧⑨⑯より2つを選ぶ,
(H) ⑮, (I) ①, (J), (K) ④⑥⑦より2つを選ぶ⑫

【第3章】

1．
（1）②又は③

（2）③

2．
（1）× できるだけ細かい番手のスチールウールを使用する方がよい。

（2）× ピアノには鏡面仕上げが適するから，オイルフィニッシュ仕上げを採用しない。

（3）○ 深い研磨傷を付けてはいけないから，P600以上の番手を選ぶこと。

（4）× 黄変形と無黄変形塗膜の違いは硬化剤の種類による。屋外で太陽光を吸収すると発色団が

できる硬化剤があり，この硬化剤を使用すると，経時で玄関ドアの外側と内側で塗膜の色が異なってくる。よって，屋外用途には，無黄変形の硬化剤を使用する2液形ポリウレタン樹脂塗料を使用する方がよい。
（5）×　フローリング（床材）用塗膜には，耐傷付き性，耐摩耗性，耐汚染性が要求されるので，ち密な橋かけ構造が必要になる。ＵＶ硬化形塗料はち密な橋かけ構造を形成することができるので，フローリング用塗料に適する。硬い塗膜になるが，柔軟性には劣る。
（6）○
（7）○
（8）×　漆塗り仕上げには，呂色仕上げと塗り立て仕上げがある。前者には炭研ぎ，摺漆，磨き工程が何度も入り，漆独特のつやに仕上がる。この一連の作業を呂色仕上げという。
（9）○
（10）○

【第4章】

（1）×　清掃，養生は常に塗装前に行うこと。
（2）×　指触乾燥になったら，マスキングテープをはがすこと。
（3）×　はけ塗りは比較的自由度が高い塗装方式であるが，複雑な形状になると塗料を霧状にして吹付けるスプレー塗装が有利になる。また，速乾性塗料のはけ塗りは難しく，仕上がりが悪くなる。
（4）×　速乾性塗料は手早くはけ塗りする必要があり，図4－11に示すように，1往復のはけさばきで仕上げる。乾燥の遅い油性系塗料には図4－12に示す3段階仕上げが適する。
（5）○
（6）○　重力式スプレーガンは塗料通路が短く，洗浄しやすい。
（7）○　外部混合式スプレーガンは塗料と空気が空気キャップの外で混合するため，空気キャップの穴が塗料で詰まりやすい。作業を中断する場合には，空気キャップを外して，シンナー中に浸せきすると穴の詰まりを防げる。
（8）×　ガンの洗浄はカップを付けたままで行うこと。カップ内を洗浄すると同時に，塗料の通路も洗浄することができる。
（9）○
（10）×　エアコンプレッサの始動前後には，必ずドレンコックを緩めて，水や油などの汚れ成分を排出すること。
（11）×　カーテンフローコーターの原理は，カーテン状に調製した塗料の液膜を被塗物に転写することである。この方式の欠点は，曲面を有する被塗物を塗ることができないことである。
（12）×　中塗り塗膜の研磨作業にはP240～P400を適切に使い分けること。P1000は細かい研磨粒子からなる研磨紙であり，上塗り塗膜のブツを取り除くため，又は上塗り塗膜全体を水研ぎし，コンパウンドで磨き仕上げを行うために使用することが多い。

【第5章】

(1) ×　かぶり（ブラッシング）は結露による白化現象である。塗装後の溶剤が蒸発する時に気化熱を奪うため，塗装面の温度が低下する。高湿度の時には塗面近くの水蒸気が水となり，塗面に小さな水滴が付き，屈折率の違いによる反射光で白く見える。溶剤の揮発速度が大きい速乾性塗料では白化しやすいが，油性塗料は揮発の遅い溶剤を含むため白化しにくい。

(2) ×　塗装系の原則は大切である。下塗りにチョコを選んだら上塗りはチョコになる。一方，下塗りをクッキーにすると，上塗りはチョコでもクッキーでも自由に選択できる。この場合，下塗りがチョコで上塗りがクッキーになるから，塗装系の原則に反する。上塗りにより下塗りが再溶解されるので，付着性は阻害されることが多い。

(3) ×　ゆず肌は，塗膜表面がオレンジ肌のように凹凸になる現象であり，レベリング（平坦化）不足に起因する。吹付け塗装では，空気圧が小さくて霧化粒子が大きい場合，高粘度の塗料を吹付けた場合など，吹付け条件に関係することが多い。

(4) ○　あくややにはポリフェノール成分やキノン類が多く含まれており，ラジカル重合反応を阻害する。

(5) ○

(6) ○　一般にラッカーは塗膜になる乾燥過程で体積収縮が大きく，厚膜になるほど硬化収縮力が大きくなる。この収縮力は付着状態では引張り力として作用するから，抗張力よりも大きくなれば塗膜は割れる。

(7) ○

(8) ○

【第6章】

(1) ○

(2) ○

(3) ×　有機溶剤は有害性の程度により，表6-1のように分類される。問題にあるトルエン，キシレンなどの芳香族炭化水素や，ケトン，エステル，アルコール系溶剤は第2種有機溶剤に分類され，有害性は中程度である。これらの多くは各種塗料のシンナーに混合されている。
　　　有害性の強いものが第1種有機溶剤に分類され，クロロホルムやトリクレンなどの塩素系溶剤が該当する。脂肪族炭化水素化合物の石油系溶剤は第3種であり，弱溶剤形塗料を扱う方が有害性は弱いことがわかる。

(4) ×　塗料に使用される有機溶剤は前述した芳香族炭化水素や，ケトン，エステル，アルコール化合物である。水性塗料の希釈や洗浄には有機溶剤の代わりに水が使用されるが，水の廃棄は環境汚染を引き起こすので，汚染水の取扱いには厳重な注意が必要である。

(5) ○　表6-4にVOCのガイドライン値が示されてあり，シックハウスの原因物質であるホルムアルデヒドは0.08ppm以内と制限されている。極めて微量な値である。

(6) ×　VOC削減を可能にする環境対応形塗料には，ハイソリッド形＜UV硬化形＜水性＜粉体

塗料が該当し，この順にＶＯＣ削減効果が高い。

（7）〇　有機溶剤を使用する溶剤形塗料及びシンナーは引火性物質であり，消防法では危険物第4類に分類される。表6－5を参照すること。

（8）×　引火点が低いほど引火の危険性が高い。危険性の程度を引火点で分類した表6－5より，引火点が21℃以下の水性塗料は危険物第4類第一石油類に属す。なお，ガソリンの引火点は－40℃以下であるが，燃焼範囲が1.4～7.6％と狭いこと，着火温度が高いことなどから，特殊引火物ではなく，第一石油類に分類される。

（9）×　ＭＳＤＳとは化学物質安全データシートである。塗料中に化学物質管理促進法に指定された化学物質を1％以上含有する場合には，ＭＳＤＳに化学物質の名称，物理化学的性質，危険・有害性情報，取扱い上の注意事項などを記載することが求められている。ＭＳＤＳの一例として，2液形エポキシ樹脂床用塗料主剤のＭＳＤＳを表6－6に示す。

（10）×　内装や屋内壁面の塗装で，使用面積の制限を受けない塗料はＦ☆☆☆☆のものだけである。なお，Ｆ☆マークの表示は日本塗料工業会の自主管理規定によるものであり，ホルムアルデヒドの放散速度の値で区分される。表6－7を参照すること。

　　　Ｆ☆マークの試験証明書を出せる主要な外部試験機関は，経済産業省の認可を受けた（財）日本塗料検査協会である。ほとんどの塗料メーカはこの協会に自社塗料を持ち込み，試験依頼をする。所定の手続きと許可を得て，塗料缶にＦ☆マークを表示することができる。

索　引

あ

アース……………………118
亜塩素酸ナトリウム…………54
圧送式スプレーガン…………106
アルコールステイン…………48
アンティーク仕上げ…………17

い

板目………………………1
板目板……………………5
板目面……………………5
一閑摺り上げ……………80
一閑塗り…………………79
イワタカップ……………137

う

薄め液……………………24
ウッドシーラー…………31
ウッドフィラー…………31
漆…………………………25
漆ばけ…………………96,98

え

エアコンプレッサ…………109
エアスプレーガン…………103
エアスプレー塗装…………103
エアトランスホーマ………110
エアレスガン………………116
エアレススプレー塗装……114
エコ塗料……………………36
HB……………………………7
NGRステイン………………48
F☆……………………………159
エマルション…………………27
MSDS………………149,154

MDF…………………………7
塩素酸ナトリウム……………54

お

オイルフィニッシュ……13,14,61
オイルフェンス式ブース……113
オープンポア仕上げ………13,61

か

カーテンフローコーター……91,122
外部混合式スプレーガン……104
柿合わせ塗り…………………79
過酸化水素……………………54
カシュー………………………25
可塑剤…………………………24
ガソリン研ぎ…………………129
空研ぎ…………………………129
渦流式ブース…………………113
環孔材………………………1,2,5
乾式ブース……………………112
顔料……………………………24
顔料系着色剤…………………48
顔料ステイン…………………49

き

木裏…………………………1,6
木表…………………………1,6
切粉下地付け…………………77
希釈剤…………………………24
木地呂塗り……………………78
黄溜塗り………………………79
揮発性有機化合物……………24
鏡面仕上げ塗り………………85
極性溶剤………………………122
銀目………………………43,140

く

空気圧縮機……………………109
空気清浄圧力調整器…………110
クッキータイプ……23,28,30,137
クラシックギター……………69
クローズポア仕上げ………13,63

け

ゲル化……………………41,137
玄関ドア………………………73
研磨機…………………………131
研磨紙…………………………130
研磨布…………………………130

こ

合成樹脂塗料…………………36
合板……………………………7
広葉樹………………………1,2
こくそ…………………………77
木口面…………………………5
木端……………………………5
馬毛……………………………93

さ

サーフェイサー………………31
サップステイン………………14
さび下地付け…………………77
散孔材………………………1,2,5
サンディングシーラー………31

し

自然系塗料……………………36
時代塗り仕上げ………………17

湿気硬化形
　ポリウレタン樹脂塗料　41,146
摺漆仕上げ ……………………79
集成材 ……………………………7
重力式スプレーガン …………106
樹脂 ……………………………24
朱溜塗り ………………………79
春慶塗り ………………………79
硝化綿 …………………………25
白木仕上げ ……………………16
白木地仕上げ …………………13
白しみ ………………………142
白ぼけ ……………………10,141
心材 …………………………1,5
神代色仕上げ …………………17
シンナー ………………………24
人毛 ……………………………93
針葉樹 ………………………1,2

す

吸い上げ式スプレーガン ……106
水性ステイン …………………47
水洗式ブース…………………112
摺漆 ……………………………76
すじかいばけ ………………92,95
スチールウール………………130
ステイン ………………………31
スプレー塗装 …………………91
ずんどうばけ ………………92,94

せ

静電塗装 ……………………117
セミオープンポア仕上げ……13,62
セラックニス…………………146
セルロース ………………………8
セルロースミクロフィブリル …8
染料 ……………………………24
染料系着色剤 …………………47
染料ステイン …………………49

そ

早材部 ………………………2,4
相容性 …………………………43
素地研磨 ………………………63
ソリッド材 ………………………7

た

ダイニングテーブル …………67
立塗り …………………………79
溜塗り …………………………78
タンニン ………………………14
丹波 …………………………101
単板 ……………………………7
単板オーバレイ合板 …………67
たんぽずり …………………101

ち

地の粉下地付け ………………77
着色剤 ………………………31,46
チョコレートタイプ…23,28,30,137

つ

津軽塗り …………………78,80
つやありクリヤ ………………31
つや消し剤 ……………………54

て

鉄汚染 ………………………145
添加剤 …………………………24
伝統工芸仕上げ ………………75
天然木化粧合板 ……………1,7

と

砥石 …………………………131
道管界 …………………………1
透明仕上げ ……………………60

透明塗料 ………………………24
研ぎ炭 ………………………131
特定化学物質 ………………150
特定化学物質等
　障害予防規則 ……………149
塗漆 ……………………………75
塗装ブース……………………112
塗着効率 ……………………121
塗膜形成主要素 ………………24
塗膜形成助要素 ………………24
塗膜形成要素 …………………24
塗料浸透仕上げ ………………61
塗料のハイソリット化 ………24

な

内部混合式スプレーガン ……103
七子塗り ………………………83

に

2液形塗料 …………………136
2液形ポリウレタン …………14
2液形ポリウレタン樹脂 ……25
2液形ポリウレタン
　樹脂系シーラー ……………15
2液形ポリウレタン
　樹脂塗料…………15,26,41,146
ニトロセルロース ……………13
ニトロセルロースラッカー …146

ぬ

布着せ …………………………77
布摺り塗り ……………………80
塗り立て ………………………76

ね

根来塗り ………………………82
熱可塑性 ………………………25
熱硬化性 ………………………25

年輪 …………………………2,3
年輪界 ………………………1,3

は

パーティクルボード ……………7
はけ目塗り ………………………79
橋かけ反応タイプ ………………28
パステル仕上げ …………………17
ハニカム構造 ……………………1
パミストーン ……………………131
晩材部 ……………………………2,4
半透明仕上げ ……………………60

ひ

ピアノ ……………………………69
ＰＲＴＲ法 ………………149,150
羊毛 ………………………………93
白檀塗り …………………………79
漂白剤 ……………………………53
平ばけ ……………………………92,95
ピンホール ………………………143

ふ

ファイバーボード ………………7
VOC ………………24,149,151
ふく射熱 …………………………125
豚毛 ………………………………93
不透明仕上げ ……………………60
不飽和ポリエステル樹脂 ………25
不飽和ポリエステル
　樹脂塗料 ……………33,42,147
浮遊粒子 …………………………121
プライマー ………………………31
フラットクリヤ …………………31
フローリング ……………………73
分散形 ……………………………26
分散形塗料 ………………………27,28
粉体塗料 …………………………28

へ

ヘミセルロース …………………1,8
へら ………………………………100
ベル式 ……………………………120
辺材 ………………………………1,5

ほ

ポットライフ ……………………137
ポリウレタン樹脂塗料 …………40
ポリエチレンワックス …………55
ポリシングコンパウンド ………132
ポリマー …………………………24

ま

マイクロフィニッシュ …………61
蒔絵 ………………………………80
蒔貝研ぎ出し塗り ………………84
柾目 ………………………………1
柾目板 ……………………………5
柾目面 ……………………………5

み

水研ぎ ……………………………129
水引き研磨 ………………………63
ミラースムーズ仕上げ …………57,63
民芸調仕上げ ……………………17

む

無垢板 ……………………………5,6

め

目止め剤 …………………………50
目やせ ……………………………135,142

も

杢 …………………………………6
木理 ………………………………3,6

や

山羊毛 ……………………………93
薬品着色 …………………………49
やに止めシーラー ………………33

ゆ

ＵＶ（紫外線）硬化形塗料 …33,44
ＵＶ照射装置 ……………………128
有機溶剤中毒予防規則 …………149
油性ステイン ……………………48
油性ワニス ………………………146
油変性ポリウレタン樹脂塗料 …40

よ

溶液形 ……………………………26
溶液形塗料 ………………………26
溶剤 ………………………………24
溶剤（万能）ステイン …………48
洋式ばけ …………………………96

ら

ラッカータイプ …………………28
螺鈿 ………………………………84

り

リグニン …………………………1,8
呂色仕上げ ………………………76
呂色仕上げ ………………………77

ろ

労働衛生安全法 …………………149

ロールコーター ……………91,123

わ

ワイピング ……………………34
若狭塗り ……………………78
輪島塗り ……………………78
ワックス ……………………133

委員一覧

昭和63年2月

＜作成委員＞

西条　博之	神奈川県家具指導センター
早船　義雄	職業訓練大学校

（委員名は五十音順，所属は執筆当時のものです）

木工塗装法　　　　　　　　　　　©

昭和63年2月20日	初版発行
平成20年3月25日	改訂版発行
令和3年3月10日	5刷発行

編集者　独立行政法人　高齢・障害・求職者雇用支援機構
　　　　職業能力開発総合大学校　基盤整備センター

発行者　一般財団法人　職業訓練教材研究会

〒162-0052
東京都新宿区戸山1丁目15-10
電話　03(3203)6235
FAX　03(3204)4724

編者・発行者の許諾なくして本教科書に関する自習書・解説書若しくはこれに類するものの発行を禁ずる。

ISBN978-4-7863-1102-4

改訂 木工塗装法

補　訂

『改訂 木工塗装法』を以下のとおり補訂致します。なお、練習問題の変更箇所については本文変更箇所のあと（P.8～）にまとめて掲載してあります。

独立行政法人　高齢・障害・求職者雇用支援機構
職業能力開発総合大学校　基盤整備センター　編

第 1 章

▼ P.17 最下行から、P.18 1行目の本文
【変更】本文を以下に差し替えます。

「…一例として，JASS18 の合成樹脂エマルションペイント塗りの仕様書を表1－5に示す。ここで，A種とは屋外用，B種とは屋内用を意味する。」
↓
「…一例として，JASS18 の木質系素地面への合成樹脂エマルションペイント塗りの仕様書を表1－5に示す。」

▼ P.18 「表1－5 合成樹脂エマルションペイント塗りの仕様書」
【変更】表を以下に差し替えます。

表1—5 合成樹脂エマルションペイント塗りの仕様書

(JASS 18-2013)

	工程	塗装工程 A種	塗装工程 B種	塗料・その他	希釈割合（質量比）	塗付け量（kg/㎡）	工程間隔時間
1	素地調整	●	●	5.10.3「素地調整」による			
2	下塗り	●	—	合成樹脂エマルションシーラー	100	0.07	3h以上
				水	製造所指定による		
3	パテかい	○	—	合成樹脂エマルションパテ	100		4h以上
				水	0〜3		
4	研磨紙ずり	○	—	研磨紙 P180〜P240			
5	中塗り	●	●	合成樹脂エマルションペイント	100	0.1	5h以上
				水	5〜10		
6	上塗り	●	●	合成樹脂エマルションペイント	100	0.1	(48h以上)
				水	5〜10		

(注) 1) ●：実施する工程作業　○：通常は実施しない工程作業　—：実施しない
　　 2) 工程6の工程間隔時間は最終養生時間である。

第 2 章

▼ P.41 下から 9 行目
【訂正】以下の下線箇所を訂正します。

ポリエステル<u>，</u>ポリオール　→　ポリエステルポリオール

第 3 章

▼ P.78　19 行目、P.83　1 行目及び表 3-19 表題、口絵 9
【修正】広く一般的に使用されている表記に変更します。

七子塗り（ななこ）　→　七々子塗り（ななこ）

▼ P.84　表 3－20
【訂正】上塗り工程の作業方法の「…後，直ちに筒などを使用して貝を蒔く。」を削除します（下線箇所）。

24 時間以上	はけ塗り又はスプレー塗装でカシュー黒を塗装後，直ちに筒などを使用して貝を蒔く。	→	24 時間以上	はけ塗り又はスプレー塗装でカシュー黒を塗装。

第 4 章

▼ P.93　8〜10 行目
【修正】（2）はけの原毛の種類　の本文を以下に差し替えます。

　はけに使用される原毛は，だい部分が動物の毛が用いられ，わずかに合成繊維が用いられている。その種類は，馬，羊，豚，牛，人毛などであり，このうち最も多く用いられるのは馬毛と羊毛である。

↓

　はけに使用されている原毛には，馬毛・山羊毛・豚毛等の動物の毛と，ポリエステル・アクリル・ナイロン，ポリプロピレン等の化学繊維がある。はけの多くは，用途の特徴に応じてこれらの原毛を組み合わせて製作されている。

▼ P.95　10行目，17行目
【修正】本文中の「羊毛」を以下のように修正します。

羊毛　→　山羊毛や化学繊維

▼ P.132　下から3行目
【修正】本文を以下のように修正します。

「…である。粒子の大きさで，極荒目，粗目，中目，細目，極細目の5種類がある。…」
↓
「…である。粒子の大きさで，粗目，中目，細目，極細目，超微粒子等の種類がある。…」

▼ P.133　上から5行目、下から3行目
【修正】本文中の「羊毛ボンネット」を以下のように修正します。

羊毛ボンネット　→　専用バフまたはみがき用バフ

第6章

▼ P.149以降　「MSDS（化学物質安全データシート）」
【修正】名称変更により、これ以降は原則SDS（安全データシート）に修正します。

MSDS（化学物質安全データシート）　→　SDS（安全データシート）

▼ P.149　「1．1　有機溶剤中毒予防規則」の3～4行目
【修正】以下の本文の下線箇所を修正します。

「…有機溶剤中毒予防規則，特定化学物質等障害予防規則が代表例である。」
↓
「…有機溶剤中毒予防規則，特定化学物質障害予防規則が代表例である。」

▼ P.150　2行目
【修正】以下の本文の下線箇所を修正します。

「…であり，54種類の有機溶剤を…」　→　「…であり，44種類の有機溶剤を…」

▼ P.150 「表6-1 有機溶剤の有害性」

【変更】表を以下に差し替えます。

表6-1　有機溶剤の分類

第1種有機溶剤	1,2-ジクロルエチレン（二塩化アセチレン），二硫化炭素
第2種有機溶剤	アセトン，エチルエーテル，キシレン，トルエン，クロルベンゼン，酢酸エチル，酢酸メチル，メタノール，1-ブタノール等
第3種有機溶剤	ミネラルスピリット，石油ナフサ，テレビン油，ガソリン，コールタールナフサ，石油エーテル，石油ベンジン

▼ P.150　7行目

【修正】以下の本文の下線箇所を修正します。

「…は，特定化学物質等障害予防規則で規制されている。特定化学物質は，製造禁止物質から第3類物質まで4種類に分類されており，…」

↓

「…は，特定化学物質障害予防規則で規制されている。特定化学物質は，第1類物質から第3類物質まで3種類に分類されており，…」

▼ P.150 「表6-2 特定化学物質」

【変更】表を以下に差し替えます。

表6-2　特定化学物質

第1類物質	塩素化ビフェニル，ベンゾトリクロリド等
第2類物質	アクリルアミド，アクリロニトリル，塩化ビニル，ホルムアルデヒド等
第3類物質	アンモニア，フェノール等

▼ P.151　6行目

【修正】以下の本文の下線箇所を修正します。

「…化学物質の数は354である。…」　→　「…化学物質の数は462である。…」

▼ P.151 11～12行目
【修正】本文を以下に差し替えます。

「…の2種類であり，その揮発量は表6-3に示す揮発性炭化水素化合物の総量のおよそ78％を占めると推算されている。…」
↓
「…の2種類であり，その届出排出量は，PRTR法の対象となっている化学物質の総届出排出量の，およそ52％と推算されている。…」

▼ P.151 「表6-3 日本で定められている環境汚染物質（354物質）の分類」
【修正】表を以下に差し替えます。

表6-3 日本で定められている環境汚染物質（462物質）の分類

揮発性有機化合物	ベンゼン，トルエン，キシレン等
有機塩素系化合物	ダイオキシン類，トリクロルエチレン等
農薬	臭化メチル，フェニトロチオン，クロルピリオス等
金属化合物	鉛及びその化合物，有機スズ化合物等
オゾン層破壊物質	CFC*，四塩化炭素，1,1,1-トリクロロエタン，HCFC**等
その他	石綿等

*CFC：クロロフルオロカーボン
**HCFC：ハイドロクロロフルオロカーボン

＜参考＞経済産業省ホームページ
http//www.meti.go.jp/policy/chemical_management/law/prtr/

▼ P.151 下から7～6行目
【訂正】大気汚染防止法における定義の文言と異なっていたため訂正します。

「…VOCの定義は，「大気中に排出され，また飛散したときに気体である物質」である。」
↓
「…VOCの定義は，「大気中に排出され，又は飛散した時に気体である有機化合物」である。」

▼ P.151 下から3～2行目
【削除】本文中の以下の記述を削除します。

「…大気汚染防止法の改正は，2010年をめどに全体として2000年に対して30％程度のVOC削減を目標としている。」

▼ P.153 「表6-5 消防法における第4類及び指定数量」
【訂正】表中の、下線箇所を訂正します。

分類	品名	性質	備考（引火点など）	指定数量
第4類	特殊引火物	—	発火点が100℃以下又は引火点が-20℃以下で沸点が40℃以下のもの	50ℓ
	第一石油類	非水溶性液体	引火点が21℃未満のもの	200ℓ
		水溶性液体		400ℓ
	アルコール類		炭素原子数1～3個の飽和一価アルコール類	400ℓ
	第二石油類	非水溶性液体	引火点が21℃以上70℃未満の塗料類等	1000ℓ
		水溶性液体		2000ℓ
	第三石油類	非水溶性液体	引火点が70℃以上200℃未満の塗料類等	2000ℓ
		水溶性液体		4000ℓ
	第四石油類	—	引火点が200℃以上250℃未満の塗料類等	6000ℓ
	動植物油類	—	動物の脂肉など又は植物の種子や果肉から抽出した引火点が250℃未満のもの	10000ℓ

▼ P.154 「2．2　化学物質安全データシート（MSDS）」
【修正】本項の本文すべてを以下に差し替えます。

2．2　安全データシート（SDS）

　安全データシート（SDS）制度とは，事業者による化学物質の適切な管理の改善を促進するため，化学物質排出把握管理促進法で指定された「化学物質又はそれを含有する製品」（以下，「化学品」）を他の事業者に譲渡又は提供する際に，安全データシート（SDS）により，その化学製品の特性及び取扱いに関する情報を事前に提供することを義務付けるとともに，ラベルによる表示に努めてもらうものである。

　また，安全データシート（SDS）の提供を受けることによって，使用する化学製品について必要な情報を入手し，化学品の適切な管理に役立てることをねらいとしている。

　安全データシート（SDS）は，国内では平成23年度までは一般的に化学物質等安全データシート（MSDS）と呼ばれていたが，国際整合の観点から，GHSで定義されている安全データシート（SDS）に統一された。

　化学物質排出把握管理促進法では，指定化学物質として第1種指定化学物質が462物質，第2種指定科学物質が100物質を安全データシート（SDS）の対象にしている。塗料のような混合物製品では，対象物を1％以上含有する場合に記載が必要である。

塗料の製造者が塗料を出荷するときに，取り扱う管理者等に対して詳しい情報を提供することで，従業員教育等に活用してもらい，安全性の向上を図るとともに，安全衛生上の災害・事故を未然に防止することを目的とする。
　安全データシート（SDS）の記載事項は国際的な基準に従い次の16項目によりなる。
　1）化学品及び会社情報，2）危険有害性の要約，3）組成及び成分情報，4）応急処置，5）火災時の措置，6）漏出の措置，7）取扱い及び保管上の注意，8）ばく露防止及び保護措置，9）物理的及び化学的性質，10）安定性及び反応性，11）有害性情報，12）環境影響情報，13）廃棄上の注意，14）輸送上の注意，15）適用法令，16）その他の情報。
　一例として，表6－6にラッカーエナメル（ホワイト）の安全データシート（SDS）を示す。

▼ P.155～158　「表6－6　塗料のMSDSの一例」
【修正】表題と表のすべてを末尾（P.10～14）のものに差し替えます。

▼ P.167～168　「索引」
【修正】以下のように追加または修正する。

　　　あ行　「SDS　154」　　　→　　「SDS　149, 154」　（追加）
　　　　　　「MSDS　149, 154」→　　「MSDS　154」
　　　た行　「特定化学物質等障害予防規則　149」
　　　　　　　　　　　　　　　　→　　「特定化学物質障害予防規則　149」
　　　な行　「七子塗り　83」　　→　　「七々子塗り　83」

◇◆◇　練習問題　◇◆◇

第 2 章

▼ 練習問題 (P.56)

【修正】2．の表内及び解答の、下線箇所が修正となります。

流動化方式	固化方式	分子量変化	例
加熱溶融	(A)	なし	路面表示用塗料，ホットメルト形接着剤
溶解	(B)	(C)	(D)，パンク修理用接着剤
ポリマー粒子の分散液	(E)	なし	(F)，(G)，(H)
モノマー，プレポリマー溶液	(I)	(J)	UV硬化塗料，(K)，(L)，(M)

■ 解答 (P.162)

(A) ⑬，(B) ⑭，(C) ②，(D) ③，(E) ⑪，(F) ⑧，(G) ⑨，(H) ⑯，(I) ⑮，
(J) ①，(K) ④，(L) ⑥，(M) ⑦

※ (F)(G)(H)と，(K)(L)(M)は順不同

第 3 章

▼ 練習問題 (P.89)

【修正】下線箇所を追加、修正します。

1．(1) 導管の大きいナラ，ケヤキ，センなどの広葉樹環孔材に対して木理の美しさを強調させたい。次のうち適切な塗装仕上げ法を2つ選びなさい。

　① オイルフィニッシュ　② オープンポア仕上げ　③ クローズポア仕上げ
　④ エナメル仕上げ

2．(9) 鏡面磨き仕上げにおいて，最後に使用するコンパウンドは極細目又は超微粒子がよい。

（※ 解答は変更ありません）

■ 解答 (P.162)

1．(1) ②，③（順不同）

第 6 章

▼ 練習問題（P. 160）

【修正】（1）の問題文の下線箇所を以下に修正します

「特定化学物質<u>等</u>障害予防規則」 → 「特定化学物質障害予防規則」

【修正】（3）の問題文を以下に差し替えます。

（3）トルエン，キシレンなどは，有害性が強く有機溶剤中毒予防規則で第1種有機溶剤に分類される。

↓

（3）トルエン及びキシレンは，有機溶剤中毒予防規則で第1種有機溶剤に分類される。

【修正】（9）文中の「MSDS」を「SDS」に修正します。

■ 解答（P. 164）

【修正】（3）の解説文4行目の下線箇所を以下に修正します。

「…に分類され，<u>クロロホルムやトリクレン</u>などの塩素…」
↓
「…に分類され，<u>1,2-ジクロルエチレンと二硫化炭素</u>などの塩素…」

■ 解答（P. 165）

【修正】（9）の解説文を以下に差し替えます。

（9）×　SDSとは安全データシートである。塗料中に化学物質排出把握管理促進法に指定された化学物質を1%以上含有する場合には，SDSに組成及び成分情報，物理的及び化学的性質，有害性情報，取扱い及び保管上の注意などを記載することが求められている。SDSの一例として、ラッカーエナメル ホワイトのSDSを表6-6に示す。

表6-6　塗料のSDSの一例

安全データシート

整理番号　○○○-○○○○
作成　２０１６年１２月１２日

① 製品及び会社情報	製品名	○○○-○○○○　ラッカーエナメル　ホワイト			
	会社名	□□□□ペイント株式会社			
	住所	東京都新宿区戸山1-15-10			
	担当部門	安全部	ＴＥＬ		ＦＡＸ
		e-mail			
	緊急連絡先（時間外）	担当部門に同じ			
	製品説明（種類）	硝化綿ラッカー塗料			
	主な用途	工業製品			

② 危険有害性の要約	【ＧＨＳ分類】
	引火性液体　　　　　　区分2
	急性毒性 吸入（蒸気）　区分4
	皮膚感作性　　　　　　区分1
	生殖毒性　　　　　　　区分1
	発がん性　　　　　　　区分2

【ＧＨＳラベル要素】
「絵表示，注意喚起語」

危険

「危険有害性情報」
　引火性の高い液体及び蒸気
　吸入すると有害（蒸気）
　アレルギー性皮膚反応を起こすおそれ
　発がんのおそれの疑い
　生殖能又は胎児への悪影響のおそれ

「注意書き」
＜予防策＞
＊容器を密閉しておくこと。
＊熱/火花/裸火/高温体などの着火源から遠ざけること。
＊取扱い時は保護手袋/保護眼鏡/保護マスクを着用すること。
＊静電気放電に対する予防措置を構ずること。
＊取扱い後は手洗い，うがい及び鼻孔洗浄を十分に行い，作業衣等に付着した汚れをよく落とすこと。
＜応急措置＞
　火災の場合　　　　：粉末消火器，耐アルコール性泡消火器又は炭酸ガスを用いて消火すること。
　飲み込んだ場合　　：直ちに医師に連絡すること。口をすすぐこと。無理には吐かせないこと。
　皮膚等に付着した場合：直ちに汚染された衣類を全て脱ぐこと。皮膚を流水/シャワーで洗うこと。
＜保管＞
＊涼しく換気の良い場所で，施錠して保管すること。（５℃以上，４０℃以下）

		<廃棄>
		*内容物や容器を廃棄する場合，都道府県知事の許可を受けた専門の廃棄物処理業者に処理を委託する。

③ 組成及び成分情報	化学物質・混合物の区別　　混合物		
	成分名	CAS No.	含有量（重量%）
	二酸化チタン	13463-67-7	4～8
	ニトロセルロース	9004-70-0	8～16
	トルエン	108-88-3	23～28
	キシレン	1330-20-7	1～8
	エチルベンゼン	100-41-4	0.2～2
	イソプロピルアルコール	67-63-0	4～8
	1-ブタノール	71-36-3	1～6

④ 応急措置	目に入った場合	*直ちに大量の清浄な流水で15分以上洗う。次にコンタクトレンズを着用していて容易に外せる場合は外すこと。 *まぶたの裏まで完全に洗うこと。 *出来るだけ早く医師の診断を受けること。
	飲み込んだ場合	*誤って飲み込んだ場合には，安静にして直ちに医師の診断を受けること。 *嘔吐物は飲み込ませないこと。 *医師の指示による以外は無理に吐かせないこと。
	皮膚に付着した場合	*付着物を布で素早く拭き取る。 *汚染された衣類を取り除くこと。 *大量の水及び石鹸または皮膚用の洗剤を使用して充分に洗い落とす。溶剤やシンナーは使用しないこと。 *外観に変化が見られたり，刺激・痛みがある場合，気分が悪い時には医師の診断を受けること。
	吸入した場合	*蒸気，ガス等を大量に吸い込んだ場合には，直ちに空気の新鮮な場所に移し，暖かく安静にする。呼吸が不規則か，止まっている場合には人工呼吸を行う。 *嘔吐物は飲み込ませないようにする。 *直ちに医師の手当を受けること。
	応急措置をする者の保護	*適切な保護具（保護眼鏡，保護マスク，手袋等）を着用する。換気を行う。

⑤ 火災時の措置	使用可能消火剤	水（×）　　炭酸ガス（○）　　泡（○）　　粉末（○）　　乾燥砂（○）
	消火方法	*指定の消火剤を使用すること。水を消火に用いないこと。 *適切な保護具（耐熱着衣など）を着用する。 *消火活動は風上より行うこと。 *可燃性の物を周囲から，素早く取り除くこと。 *高温にさらされる密閉容器は水をかけて冷却すること。

⑥ 漏出時の措置	人体に対する注意事項，保護具及び緊急時措置	*作業の際には適切な保護具（耐溶剤性手袋，耐薬品手袋，有機ガス用防毒マスク，保護服，保護眼鏡等）を着用する。 *周辺を立ち入り禁止にして，関係者以外を近づけないようにして二次災害を防止する。 *付近の着火源，高温体及び付近の可燃物を素早く取り除く。 *着火した場合に備えて，適切な消火器を準備する。
	環境に対する注意事項	*河川への排出等により，環境への影響を起こさないように注意する。

	封じ込め及び浄化の方法・機材	*衝撃，静電気にて火花が発生しないような材質の用具を用いて回収する。 *乾燥砂，土，その他の不燃性のものに吸収させて回収する。大量の流出には盛土で囲って流出を防止する。 *漏出物は，密閉出来る容器に回収し，安全な場所に移す。 *付着物，廃棄物等は，関係法規に基づいて処置すること。
⑦ 取扱い 及び 保管上の 注意	取扱い上の注意	*容器内の圧力が高い時は蓋を緩めて少し圧力を抜き蓋を外す。 *換気の良い場所で取り扱う。容器はその都度密栓する。 *周辺で火気，スパーク，高温物の使用を禁止する。工具は火花防止型のものを使用する。 *静電気対策のため，装置等は接地し，電気機器類は防爆型（安全増型）を使用する。 *作業中は，帯電防止型の作業服，安全靴を使用する。 *作業場に着火源となるものを持ち込まないこと。万一の出火に備えて適切な消火器を準備すること。 *作業中は有機溶剤蒸気及びミストにさらされるので，防毒マスク（フィルタ付き）又は送気マスク，耐溶剤性手袋，耐薬品手袋，保護眼鏡，保護服，安全靴等の保護具を着用すること。 *タンク，地下室のような密閉された場所における作業には，局所排気装置を付けること。 *作業時は局所排気装置を稼動させて有機溶剤蒸気が滞留しないようにすること。 *使用済みウェス，塗料カス，スプレーダスト等は，廃棄する日まで自然発火を防止するため水に漬けておくこと。 *過去にアレルギー症状を経験している人は取り扱わないこと。 *取扱い後は手，顔等をよく洗い，うがいをする。休憩所等に手袋等の汚染保護具を持ち込まないこと。 *作業後の乾燥は換気量を十分に確保し，臭気が無くなるまで換気を継続すること。
	保管上の注意	*日光の直射を避ける。通風の良いところに保管する。 *火気，熱源から遠ざけて保管する。 *転倒，転落しないように注意する。 *盗難防止のために施錠保管する。
⑧ 暴露 防止及び 保護措置	許容濃度，管理濃度（職業的暴露限界値，生物学的限界値）	

物質名	管理濃度	許容濃度[ACGIH (TLV)]
二酸化チタン	設定なし	10 mg/m^3
ニトロセルロース	設定なし	3 mg/m^3
トルエン	20 ppm	20 ppm
キシレン	50 ppm	100 ppm
エチルベンゼン	20 ppm	10 ppm
イソプロピルアルコール	200 ppm	200 ppm
1-ブタノール	25 ppm	20 ppm

	設備対策	*取扱設備は防爆型を使用する。 *排気装置を付けて，蒸気が滞留しないようにする。 *液体の輸送，汲み取り，攪拌等の装置についてはアースを取るように設備すること。 *取扱場所の近くには高温，発火源となるものが置かれないような設備とすること。

	呼吸器の保護具	＊有機溶剤用防毒マスク又は送気マスクを着用する。
		＊密閉された場所では送気マスクを着用する。
	手の保護具	＊有機溶剤又は化学薬品が浸透しない材質の手袋を着用する。
	目の保護具	＊取扱いには保護眼鏡を着用すること。
	皮膚及び身体の保護	＊取扱う場合には，皮膚を直接暴露させないよう化学薬品が浸透しない材質の衣類を着用すること。
	その他	＊特になし。
⑨ 物理的及び化学的性質	状態	液体
	色	白色
	臭気	溶剤臭
	沸点	77.2℃～117℃
	引火点	5.5℃
⑩ 安定性及び反応性	安定性	通常の条件では安定である。
	反応性	酸化剤との接触により発熱の恐れがある。
		燃焼すると一酸化炭素，窒素酸化物等を発生することがある。

⑪ 有害性情報		急性毒性				
		経口	経皮	吸入(ガス)	吸入(蒸気)	吸入(粉じん，ミスト)
	二酸化チタン	区分外 (>20,000mg/kg)	区分外 (>10,000mg/kg)	分類対象外	分類できない	区分外
	ニトロセルロース	区分外 (>5,000mg/kg)	分類できない	分類対象外	分類できない	分類できない
	トルエン	区分外 (5,000mg/kg)	区分外 (12,000mg/kg)	分類対象外	区分4 (4,000ppm)	分類できない
	キシレン	区分外 (3,500mg/kg)	分類できない	分類対象外	区分4 (6,700ppm)	分類できない
	エチルベンゼン	区分外 (3,500mg/kg)	区分外 (15,400mg/kg)	分類対象外	区分4 (4,000ppm)	分類できない
	イソプロピルアルコール	区分外 (>4,384mg/kg)	区分外 (12,870mg/kg)	分類対象外	区分4 (27,908ppm)	分類できない
	1-ブタノール	区分外 (>2,100mg/kg)	区分外 (3,400mg/kg)	分類対象外	分類できない	区分外 (8,000ppm)

⑫ 環境影響情報	・一般注意事項	漏洩，廃棄等の際には，環境に影響を与える恐れがあるので取扱いには注意する。特に，製品や洗浄水が，地面，川や排水溝に直接流れないように対処すること。
⑬ 廃棄上の注意	残余廃棄物	＊廃棄においては，関連法規並びに地方自治体の基準に従うこと。
		＊廃塗料・容器等の廃棄物は，許可を受けた産業廃棄物処理業者と委託契約(マニフェスト)をして処理をする。
		＊容器，機器装置等を洗浄した排水等は，地面や排水溝へそのまま流さないこと。
	汚染容器及び包装	＊空容器は内容物を完全に使い切ってから処分する。
		＊許可を受けた産業廃棄物処理業者と委託契約をして処理を委託する。
⑭ 輸送上の注意	＊取扱い及び保管上の注意の項の一般的注意に従うこと。	
	＊容器に漏れのないことを確かめ，転倒，落下，損傷がないように積み込み，荷崩れ防止を確実に行うこと。	
	国内法規	＊国連番号　：1263
		＊指針番号　：128

⑮ 適用法令	消防法	危険物第四類第一石油類（非水溶性）	
	労働安全衛生法	名称等を通知すべき有害物	
		物質名	重量%
		エチルベンゼン	0.1～1
		キシレン	1～5
		トルエン	25～30
		ブタノール	1～5
		プロピルアルコール	5～10
	有機溶剤中毒予防規則　第二種有機溶剤等		
⑯ その他の情報	参考文献 　JIS Z 7252：2014 GHS に基づく化学品の分類方法 　原料メーカー安全データシート 　毒劇物基準関係通知表		

一般財団法人　職業訓練教材研究会